U0380611

天业集团高层领导视察膜下滴灌水稻试验田

联想集团高管考察天业膜下滴灌水稻示范基地

辽宁省水稻研究所与俄罗斯全俄水稻研究所专家
考察天业膜下滴灌水稻示范基地

膜下滴灌水稻田间冠层指标测定

膜下滴灌水稻籽粒品质淀粉粒形态检测

膜下滴灌水稻优质稻米获奖颁奖现场

现代节水高产高效农业

膜下滴灌水稻绿色栽培

MOXIA DIGUAN SHUIDAO LÜSE ZAIPEI

宋晓玲　银永安　主编

中国农业出版社
北　京

图书在版编目（CIP）数据

膜下滴灌水稻绿色栽培/宋晓玲，银永安主编 . —
北京：中国农业出版社，2020.10
　　ISBN 978-7-109-27306-1

　　Ⅰ.①膜… 　Ⅱ.①宋… ②银… 　Ⅲ.①水稻栽培－地
膜栽培－滴灌　Ⅳ.①S511.071

中国版本图书馆 CIP 数据核字（2020）第 172779 号

中国农业出版社出版

地址：北京市朝阳区麦子店街 18 号楼

邮编：100125

责任编辑：廖　宁

版式设计：王　晨　责任校对：吴丽婷

印刷：中农印务有限公司

版次：2020 年 10 月第 1 版

印次：2020 年 10 月北京第 1 次印刷

发行：新华书店北京发行所

开本：880mm×1230mm　1/32

印张：6.5　　插页：1

字数：200 千字

定价：39.00 元

版权所有·侵权必究

凡购买本社图书，如有印装质量问题，我社负责调换。

服务电话：010-59195115　010-59194918

本书编委会

主　　任：宋晓玲

副 主 任：周　军　黄　东

主　　编：宋晓玲　银永安

副 主 编：黄　东　贾世疆　郑文静　李　丽

　　　　　李玉祥

参编人员 （按姓氏笔画排序）：

王圣毅　王肖娟　王国栋　包芳俊

冯海平　朱江艳　刘小武　李　丽

李玉祥　李高华　杨佳康　宋晓玲

张　微　张晓峰　周　军　郑文静

赵双玲　郝玉峰　姜　涛　贾世疆

钱　鑫　钱冠云　黄　东　梅国平

银永安　韩　品

　　农业是安天下、促发展、稳民心的战略性产业；粮食是保民生、控物价、稳市场的战略性商品。水稻作为五谷之首，在农业生产和人民生活中占据重要地位。我国是世界上水稻种植面积最大、总产量和消费量最高的国家。但在我国东北及西北等地淡水资源较为匮乏，难以满足水稻大面积生产的用水需求。2020年6月9日，习近平总书记在宁夏考察水稻种植时也强调，不要搞大水漫灌，要根据节水要求，以水定产，力求少而精，提高附加值。因此，亟须开展水稻节水栽培技术研究，并探索及推广适应不同地区的绿色、丰产、节水栽培技术。

　　新疆天业（集团）有限公司经10多年探索实践，自主研发出膜下滴灌水稻绿色栽培技术。该技术不仅高效节水、降低能耗、全程可控，还可减少稻田温室气体排放和降低稻米农化残留，并能增强稻米的安全性，实现水稻栽培的绿色化、优质化和特色化。目前，该技术已在新疆内外累计示范推广超过30多万公顷，涵盖了西北、东北和华北等水稻主产区，生态、经济、社会效益可观。2018 年 4 月，在第二届中国（三亚）国际水稻论坛中国优质稻米评选活动中，新疆天业（集团）有限公司选育的膜下滴灌水稻优质稻米荣获"中国十大优质稻米"称号。2019 年，央视新闻频道和《人民日报》先后报道了天业集团膜下滴灌水稻绿色栽培技术。

本书以新疆天业（集团）有限公司 10 多年在膜下滴灌水稻绿色栽培技术研发与示范情况为基本素材，总结汇集了本单位科研人员在膜下滴灌水稻方面的多年栽培、育种、水肥管理、示范推广等实践经验，目的在于因地制宜地推进膜下滴灌水稻更好、更快地示范推广。全书以章节形式编写，内容涵盖了膜下滴灌水稻发展历程、全程机械化种植模式、高效节水和水肥一体化技术原理及水稻绿色栽培综合效益提升等内容。本书力求服务基层一线，力求做到科学性、先进性和可操作性，望本书的出版能为膜下滴灌水稻栽培技术绿色持续发展提供智力支持，贡献天业智慧。

本书的出版得到中国博士后科学基金(2018M633657XB)和新疆兵团中青年科技创新领军人才计划（2017CB006）的资助。国家粳稻工程技术研究中心（天津）、辽宁省水稻研究所、新疆维吾尔自治区及兵团的水稻科研机构等单位对本书撰写提供了宝贵资料和建议，在此一并表示感谢。

本书通用性很强，可作为高校师生水稻栽培教学参考用书，也可用于全国农业科研单位水稻栽培指导用书。作者希望本书的出版能给读者带来水稻栽培的新思路、新方法和新理念，也希望农业生产部门能结合本地种植习惯，在水稻种植技术方面有所创新和突破。

鉴于作者水平和时间有限，书中疏漏在所难免，恳请广大读者不吝指正。

编　者

2020 年 7 月

目 录

前言

概 述

一、世界水稻栽培技术发展历程

（一）水稻的全球战略性地位

悠悠万事，吃饭为大。农业是安天下、促发展、稳民心的战略性产业。粮食是保民生、控物价、稳市场的战略性产品。水稻是最重要的粮食作物之一，全球半数以上的人口以稻米为主要食物来源（图 1-1）。水稻少数部分用于饲料和工业，大部分以食用为主要用途。据国际水稻研究所（IRRI）研究，稻米蛋白质的生物价值比小麦、玉米和小米等粮食作物高，各种氨基酸比例比较合理，加工蒸煮方便。因此，稻米在人们膳食结构中占突出地位，为人类提供全面营养和能量。

图 1-1 水稻抽穗及成熟

（二）水稻起源

水稻所结子实即稻谷，去壳后称大米或米。世界上近一半人口（几乎包括整个东亚和东南亚的人口）都以稻米为食。水稻主要分布在亚洲和非洲的热带和亚热带地区。稻的栽培历史可追溯到公元前16000—前12000年的中国长江流域（湖南）。1993年，中美联合考古队在湖南省道县玉蟾岩发现了世界最早的古栽培稻，距今14 000～18 000年。水稻在中国广为栽种后，逐渐向西传播到印度，中世纪引入欧洲南部。除称为旱稻的生态型外，水稻都在热带、半热带和温带等地区的沿海平原、潮汐三角洲和河流盆地的淹水地栽培。种子播在准备好的秧田里，当苗龄为20～25d时移植至周围有堤的、水深为5～10cm的稻田内，在生长季节一直浸在水中。收获的稻粒称为稻谷，有一层外壳，碾磨时常把外壳连同米糠层一起去除，有时再加上一薄层葡萄糖和滑石粉，使米粒有光泽。碾磨时，只去掉外壳的稻米叫糙米，富含淀粉，含有约8％的蛋白质和少量脂肪、B族维生素、铁和钙。碾去外壳和米糠的大米叫精米或白米，其营养价值降低。大米的食用方法多为煮成饭。在亚洲及其他地区，大米可配以各种汤、配菜食用。碾米的副产品包括米糠、米糠粉和从米糠提出的淀粉，均用作饲料。加工米糠得到的油，既可作为食品也可用于工业。碎米用于酿酒、提取酒精和制造淀粉及米粉。稻壳可作燃料、填料和抛光剂，可用以制造肥料和糠醛。稻草用作饲料、牲畜垫草、覆盖屋顶材料和包装材料，还可制席垫、服装和扫帚等。稻的主要生产国是中国、印度、日本、孟加拉国、印度尼西亚、泰国和缅甸，其他重要生产国有越南、巴西、韩国、菲律宾和美国。20世纪末，世界稻米年产量平均为4亿t左右，种植面积约 1.45 亿 hm²。世界上所产稻米的 95% 为人类食用。

（三）水稻分类

水稻按生态型分为野生稻和栽培稻，又分为亚洲稻和非洲稻。亚洲稻分为粳稻、籼稻和爪哇稻。已知目前世界上可能有超过 14 万种的稻，而且科学家还在不停地研发新稻种。因此，稻的品种究竟有多少，是很难估算的，不过较简明的分类是依稻谷的淀粉成分及含量来划分。稻米的淀粉分为直链及支链两种。支链淀粉越多，煮熟后黏性会越高。

1. 籼稻和粳稻　籼稻（Indica rice）：有 20% 左右为直链淀粉，属中黏性。籼稻起源于亚热带，种植于热带和亚热带地区，生长期短，在无霜期长的地方一年可多次成熟。去壳成为籼米后，外观细长、透明度低。有的品种表皮发红，如江西出产的红米，煮熟后米饭较干、松。通常用于制作萝卜糕、米粉和炒饭。

粳稻（Japonica rice）：粳稻的直链淀粉较少，低于 15%。种植于温带和寒带地区，生长期长，一般一年只能成熟一次。去壳成为粳米后，外观圆短、透明（部分品种米粒有局部白粉质），煮食特性介于糯米与籼米之间。用途为一般食用米。

籼稻和粳稻是长期适应不同生态条件，尤其是温度条件而形成的两种气候生态型，两者在形态、生理特性方面都有明显差异。在世界产稻国中，只有中国是籼、粳稻并存，而且面积都很大，地理分布明显。籼稻主要集中于华南热带和淮河以南亚热带的低地，分布范围较粳稻窄。籼稻具有耐热、耐强光的习性，粒形细长，米质黏性差，叶片粗糙多毛，颗壳上茸毛稀而短以及较易落粒等，都与野生稻类似。因此，籼稻是由野生稻演变成的栽培稻，是基本型。粳稻分布范围广泛，从南方的高寒山区，云贵高原到秦岭-淮河以北的广大地区均有栽培。粳稻具有耐寒、耐弱光的习性，粒形短圆，米质黏性较强，叶面少毛或无毛，颖毛长密，不易落粒，与野生稻有较大差异。因此可以说，粳稻是人类将籼稻由南向北、由低向高引种后，逐渐适应低温的变异型，是水稻与环境互作选择的结果。

2. 早、中、晚稻　早、中、晚稻的根本区别在于对光照反应的不同。早、中稻对光照反应不敏感，在新疆全年各个季节种植都能正常成熟；晚稻对短日照很敏感，严格要求在短日照条件下才能通过光照阶段，抽穗结实。晚稻和野生稻很相似，是由野生稻直接演变形成的基本型，早、中稻是由晚稻在不同温光条件下分化形成的变异型。北方稻区的水稻属早稻或中稻。

3. 非糯稻和糯稻　糯稻中支链淀粉含量接近 100%，黏性最高，又分粳糯及籼糯。粳糯外观圆短，籼糯外观细长，颜色均为白色不透明，煮熟后米饭较软、黏。通常粳糯用于酿酒、制作米糕，籼糯用于制作八宝粥、粽子。

中国作主食的为非糯米，做糕点或酿酒用为糯米，两者主要区别在米粒黏性的强弱，糯稻黏性强，非糯稻黏性弱。黏性强弱主要决定于淀粉结构，糯米的淀粉结构以支链淀粉为主，非糯稻则含直链淀粉多。当淀粉溶解在碘酒溶液中，由于非糯稻吸碘性大，淀粉变成蓝色；而糯稻吸碘性小，淀粉呈棕红色。一般糯稻的耐冷和耐旱性都比非糯稻强。

4. 旱稻和水稻　要了解稻，最基本的分法，往往先根据稻生长所需要的条件，也就是水分灌溉来区分。因此，稻又可分为水稻和旱稻。但多数研究稻作的机构都针对水稻，旱稻的比例较少。

旱稻又可称陆稻，它与水稻的主要品种其实大同小异，一样有籼、粳两个亚种。有些水稻可在旱地直接栽种（但产量较低），也能在水田中栽种。旱稻则具有很强的抗旱性，就算缺少水分灌溉，也能在贫瘠的土地上结出穗来。旱稻多种在降水稀少的山区，也因地域不同，演化出许多特别的山地稻种。目前，旱稻已成为人工杂交稻米的重要研究方向，可帮助农民节省灌溉用水。

有一说最早的旱稻可能是占城稻。中国古籍宋史《食货志》曾记载：“遣使就福建取占城稻三万斛，分给三路为种，择民田之高仰者莳之，盖旱稻也……稻比中国者穗长而无芒，粒差小，不择地而生。”但目前仍有争议，原因就在于学者怀疑以地区气候来论，占城稻有可能是水稻旱种，而非最早的旱稻。

5. 人工水稻（杂交稻）　　1973 年，袁隆平用科学方法成功产出世界上首例杂交水稻，他也被称为“杂交水稻之父”。经过 4 年的研究，他带领团队从世界上几百个稻种中探索，并在稻种的自花授粉上有了自己的心得。袁隆平认为，野稻并不一定全为自花授粉。他在海南找寻到一种野稻称为“野稗”，并成功地与当地水稻配种出一些组合稻种。这些组合稻种无法自体授粉，而需依赖旁株稻种的雄蕊授粉，但产量比原水稻多一倍。不过最初的几年，培育出的新稻虽然产量增加，而且多数没有花粉，符合新品种的需求，但其中有的却有花粉，能产出下一代，而且产量不丰。袁隆平并没有放弃，一直到了第九年，上万株的新稻都没有花粉，达到了新品种的要求，也就是袁隆平的三系法杂交水稻（图 1-2）。

图 1-2　袁隆平选育的杂交水稻（南优 2 号）

二、我国水稻栽培历史及区划

（一）我国水稻栽培历史

野生稻被驯化成为栽培稻由来已久（图 1-3）。浙江余姚河姆渡新石器时代遗址和桐乡罗家角新石器时代遗址出土的炭化稻谷遗存，已有 7 000 年左右的历史。这些遗址的先民们都已经开始了相对定居的农耕生活，由此推溯以迁徙为主的种稻业的产生当为时更早。

根据 30 多年来的考古发掘报告，我国已发现 40 余处新石器时代遗址有炭化稻谷或茎叶的遗存，尤以太湖地区的江苏省南部、浙江省北部最为集中，长江中游的湖北省次之，其余散处江西、福建、安徽、广东、云南和贵州等省。新石器时代晚期遗存在黄河流域的河南省、山东省也有发现。出土的炭化稻谷（或米）已有籼稻和粳稻的区别，表明籼、粳两个亚种的分化早在原始农业时期已经出现。上述稻谷遗存的测定年代多数

图 1-3　野生稻和栽培稻（左：野生稻；右：栽培稻）

较亚洲其他地区出土的稻谷更早，是中国稻种具有独立起源的证明。

　　由于我国水稻原产于南方，大米一直是长江流域及其以南地区人民的主粮。魏、晋和南北朝以后经济重心南移，北方人口大量南迁，更促进了南方水稻生产的迅速发展。唐、宋以后，南方一些稻区进一步发展成为全国稻米的供应基地。唐朝韩愈称"赋出天下，江南居十九"，民间也有"苏湖熟，天下足"和"湖广熟，天下足"之说，充分反映了江南水稻生产对于供应全国粮食需要和保证政府财政收入的重要。据《天工开物》推算，明末时的粮食供应，大米约占 7/10，麦类和粟、黍等占 3/10，而大米主要来自南方。黄河流域虽早在新石器时代晚期已开始种稻，但水稻种植面积时增时减，其比重始终低于麦类和粟、黍等。

（二）水稻栽培区划

　　水稻属喜温好湿的短日照作物。影响水稻分布和分区的主要生态因子有：一是热量资源，一般≥10℃积温为 2 000～

4 500℃的地方适于种一季稻，4 500～7 000℃的地方适于种两季稻，5 300℃是双季稻的安全界限，7 000℃以上的地方可以种三季稻；二是水分影响水稻布局，体现在"以水定稻"的原则；三是日照时数影响水稻品种分布和生产能力；四是海拔高度的变化，通过气温变化影响水稻的分布；五是良好的水稻土壤应具有较高的保水、保肥能力，又应具有一定的渗透性，酸碱度接近中性。全国稻区可划分为 6 个稻作区 16 个亚区。

1. 华南双季稻稻作区 位于南岭以南，是中国最南部，包括闽、粤、桂、滇的南部以及台湾、海南和南海诸岛全部。

（1）闽粤桂台平原丘陵双季稻亚区。东起福建省的长乐区和台湾，西迄云南省的广南县，南至广东省的吴川市，包括 131 个县（市），≥10℃积温6 500～8 000℃，大部分地方无明显的冬季特征。水稻生长期日照时数1 200～1 500h，降水量1 000～2 000mm。籼稻安全生育期（日平均气温稳定通过10℃始现期至≥22℃终现期的间隔天数）212～253d；粳稻安全生育期（日平均气温稳定通过≥10℃始现期至≥20℃终现期的间隔天数）235～273d。稻田主要分布在江河平原和丘陵谷地，适合双季稻生长。常年双季稻占水稻面积的 94％左右。稻田实行以双季稻为主的一年多熟制，品种以籼稻为主。主要病虫害是稻瘟病和三化螟。今后，应充分发挥安全生育期长的优势，防避台风，秋雨危害；选用优质、抗逆、高产品种；提倡稻草过腹还田，增施钾肥；发展冬季豆类、蔬菜作物和双季稻轮作制。

（2）滇南河谷盆地单季稻亚区。北界东起麻栗坡县，经马关、开远至盈江县，包括滇南 41 个县（市），地形复杂，气候多样。最南部的低热河谷接近热带气候特征，≥10℃积温

5 800～7 000℃，生长季日照时数 1 000～1 300 h，降水量 700～1 600mm。安全生育期：籼稻 180d 以上，粳稻 235d 以上。稻田主要分布在河谷地带，种植高度上限为海拔 1 800～2 400m。多数地方一年只种一季稻，白叶枯病、二化螟等为主要病虫害。今后，要改善灌溉条件，增加复种，改良土壤，改变轮歇粗耕习惯。

（3）琼雷台地平原双季稻多熟亚区。包括海南省和雷州半岛，共 22 个县（市）。≥10℃ 积温 8 000～9 300℃，水稻生长季达 300d，其南部可达 365d，一年能种三季稻。生长季内日照时数 1 400～1 800h，降水量 800～1 600mm。籼稻安全生育期 253d 以上，粳稻 273d 以上。台风影响最大，土地生产力较低。双季稻占稻田面积的 68%，多为三熟制，以籼稻为主。主要病虫害有稻瘟病、三化螟等。今后，要改善水肥条件，增加复种，扩大冬作，发挥增产潜力。

2. 华中双季稻稻作区 东起东海之滨，西至成都平原西缘，南接南岭，北毗秦岭、淮河，包括苏、沪、浙、皖、赣、湘、鄂、川 8 省份的全部或大部及陕、豫两省南部，是中国最大的稻作区。

（1）长江中下游平原双单季稻亚区。位于≥10℃ 积温 5 300℃ 等值线以北，淮河以南，鄂西山地以东至东海之滨，包括苏、浙、皖、沪、湘、鄂、豫的 235 个县（市）。≥10℃ 积温 4 500～5 500℃，大部分地区种稻一季有余，两季不足。粳稻安全生育期 159～170d，粳稻 170～185d。生长季降水量 700～1 300mm，日照时数 1 300～1 500h。春季低温多雨，早稻易烂秧死苗，但秋季温，光条件好，生产水平高。双季稻仍占 2/5～2/3，长江以南部分平原高达 80% 以上，一般实行"早籼晚粳"复种。稻瘟病、稻蓟马等是主要病虫害。今后，要种好双季稻，扩大杂交稻，并对超高产品种下工夫，合理复种轮作，多途径培肥土壤。

（2）川陕盆地单季稻两熟亚区。以四川盆地和陕南川道平原为主体，包括川、陕、豫、鄂、甘 5 省的 194 个县（市）。≥10℃积温 4 500～6 000℃，籼稻安全生育期156～198d，粳稻 166～203d，生长季降水量 800～1 600mm，日照时数1 000～7 000h。盆地春温回升早于东部两亚区，秋温下降快。春旱阻碍双季稻扩展，目前已下降到 3％以下，是全国冬水田最多地区，占稻田的 41％。以籼稻为主，少量粳稻分布在山区。病虫害主要有稻瘟病和稻飞虱。今后，要创造条件扩种双季稻，丘陵地区增加蓄水能力，改造冬水田，扩种绿肥。

（3）江南丘陵平原双季稻亚区。≥10℃积温 5 300℃线以南，南岭以北，湘鄂西山地东坡至东海之滨，共 294 个县（市）。≥10℃积温 5 300～6 500℃，籼稻安全生育期 176～212d，粳稻206～220d。双季稻占稻田的 66％。生长季降水量 900～1 500mm，日照时数1 200～1 400h，春夏温暖有利于水稻生长，但"梅雨"后接伏旱，造成早稻高温逼熟、晚稻栽插困难。稻田主要在滨湖平原和丘陵谷地。平原多为冬作物-双季稻三熟，丘陵多为冬闲田-双季稻两熟，均以籼稻为主，扩种了双季杂交稻。稻瘟病、三化螟等为主要病虫害。水稻单产比其他两亚区低 15％。今后，有条件的地区可发展"迟配迟"形式的双季稻，开发低丘红黄壤，改造中低产田。

3. 西南双季稻稻作区

（1）黔东湘西高原山地单双季稻亚区。包括黔中、黔东、湘西和鄂西南和川东南的 94 个县（市）。气候四季不甚分明。≥10℃积温3 500～5 500℃。籼稻安全生育期158～178d，粳稻178～184d。生长季日照时数800～1 100h，降水量800～1 400mm。北部常有春旱接伏旱，影响插秧、抽穗和灌浆。大部分为一熟中稻或晚稻，多以油菜-稻两熟为主。水稻垂直分布，海拔高地种粳稻，海拔低地种籼稻。稻瘟病、二化螟等为主要病虫害。粮食自给率低，30%～50%的县缺粮靠外调。今后，仍需强调增产稻谷，它是脱贫的基础。应积极发展双季稻，加强抗病虫水稻新品种选育。

（2）滇川高原岭谷单季稻两熟亚区。包括滇中北、川西南、桂西北和黔中西部的162个县（市）。区内大小"坝子"星罗棋布，垂直差异明显。≥10℃积温3 500～8 000℃，籼稻安全生育期158～189d，粳稻178～187d。生长季日照时数1 100～1 500h，降水量530～1 000mm。冬春旱季长，限制了水稻复种。以蚕豆（小麦）-水稻两熟为主，冬水田占稻田1/3以上。稻田海拔最高高度为2 710米，也是世界稻田最高限。多为抗寒的中粳或早中粳类型。稻瘟病、三化螟等危害较重。今后，在海拔1 500 m以下河谷地带积极发展双季稻，在1 200～2 000 m的谷地发展杂交稻为主的中籼稻并开发优质稻。

（3）青藏高寒河谷单季稻亚区。适种水稻区域极小，稻田分布在有限的海拔低的河谷地带，其中云南的中甸、德钦和西藏东部的芒康、墨脱等7县，由于生产条件差，水稻单产低而不稳，但有增产潜力，今后适宜发展高海拔寒地优质水稻。

4. 华北单季稻稻作区　位于秦岭-淮河以北，长城以南，关中平原以东，包括京、津、冀、鲁、豫和晋、陕、苏、皖的部分地区，共457个县（市）。

本区有2个亚区：①华北北部平原中早熟亚区；②黄淮平

原丘陵中晚熟亚区。≥10℃积温 3 500～4 500℃。水稻安全生育期 130～140d。生长期间日照时数 1 200～1 600h，降水量 400～800mm。冬春干旱，夏秋雨多而集中。北部海河，京津稻区多为一季中熟粳稻，黄淮区多为麦-稻两熟，多为籼稻。稻瘟病、二化螟等危害较重。今后，要发展节水种稻技术，对稻田实行综合治理，逐步培育优质高产绿色稻作区。

5. 东北早熟单季稻稻作区 位于辽东半岛和长城以北，大兴安岭以东，包括黑龙江、吉林全部和辽宁大部及内蒙古东北部，共 184 个县（旗、市）。

本区有 2 个亚区：①黑吉平原河谷特早熟亚区；②辽河沿海平原早熟亚区。≥10℃积温少于 3 500℃，北部地区常出现低温冷害。水稻安全生育期 100～120d。生长期间日照时数 1 000～1 300h，降水量 300～600mm。近年来，水稻扩展很快，品种为特早熟或中、迟熟早粳。稻瘟病和稻潜叶蝇等危害较多。今后，要加快三江平原建设，继续扩大水田，完善寒地稻作新技术体系，推广节水种稻技术，培育优质寒地水稻稻作区。

6. 西北干燥区 位于大兴安岭以西，长城、祁连山与青藏高原以北，银川平原、河套平原、天山南北盆地的边缘地带是主要稻区。

本区有 3 个亚区：①北疆盆地早熟亚区；②南疆盆地中熟亚区；③甘宁晋蒙高原早中熟亚区。≥10℃积温 2 000～5 400℃。水稻安全生育期 100～12d。生长期间日照时数 1 400～1 600h，降水量 30～350mm。种稻完全依靠灌溉。基本为一年一熟的早、中熟耐旱粳稻，产量较高。稻瘟病和水蝇蛆危害较重。旱、沙、碱是三大障碍。要推行节水种稻技术，增施农家肥料，改造中低产田。充分利用新疆昼夜温差大和光照时间长的光热优势，发展优质、绿色、高产和高效节水稻作技术。

三、膜下滴灌水稻的研发历程

（一）国内外水稻节水栽培发展

1. 国外研究进展 为了解决水稻栽培与水资源的矛盾，国际水稻研究所早已把旱稻列为 21 世纪的四大战略研究目标之一，由国际水稻研究所组织多国参加的"国际陆稻圃"，即世界范围的旱稻区试验，至今已进行了 30 多年。澳大利亚和美国等一些工业化国家虽然水稻种植的历史较短，但已普遍采用直播稻。欧洲水稻生产最大的国家意大利，19 世纪引入水稻，到 1960 年 50% 的水稻为移栽稻，到 1989 年直播稻已占稻田面积的 98%。近年来，亚洲各产稻国如马来西亚、泰国、日本、菲律宾和韩国等国家的稻作方式也纷纷从过去传统的移栽稻转向直播稻，直播稻的面积正在不断增加。经过多年研究发展，目前国外主要形成的技术有美国、日本的纸膜覆盖旱作，半旱作栽培，旱作孔栽法等。

2. 国内研究进展 我国从 20 世纪 50 年代开始，就有许多科技工作者不断地探索水稻节水栽培方法，金千瑜承担的农业部"九五"重点科研项目"水稻全程地膜节水栽培技术研究"，郑赛生等人的"覆膜直播旱作栽培水稻研究"，康荣等人的"地膜覆盖湿润灌栽培技术"，都试图用"薄水层""间歇淹水""半干旱栽培"等水稻"旱作"的方式以打破"水稻水作"的传统种植模式，但都不能做到全生育期无水层栽培，而且都不能做到全程精准施肥和大面积机械化作业，田间管理难度较大，抑制了大面积推广进程。相比国内外技术，水稻膜下滴灌栽培具有全程无水层灌溉、有效节水60%以上、机械化程度高、肥料利用率提高40%、减少病虫害防治、省人工省地和增效益等诸多优势。

（二）膜下滴灌水稻研究进展

1. 膜下滴灌技术　在干旱半干旱地区，水资源制约着区域的农业发展、产业结构的调整和作物产量。新疆是一个严重缺水的地区，1998年膜下滴灌技术在棉花作物上成功的应用并广泛推广，现该技术已在加工番茄、蔬菜、玉米、小麦、大豆和果树等多种作物上应用成功，显著提高了作物产量，增加了农民收益。据统计，2020年，全国新增节水灌溉面积达3亿亩*，约75%利用膜下滴灌技术。目前，我国玉米、小麦、棉花和大豆的全国最高产纪录均出自膜下滴灌技术，充分证明了膜下滴灌技术的应用在作物提高单产方面的潜力。

2. 膜下滴灌水稻研究进展　2002年，时任国务院副总理李岚清在新疆天业（集团）有限公司视察节水器材生产车间时提出："能否种植滴灌水稻"，这一大胆的提法，引起了新疆天业（集团）有限公司领导的重视。随后，天业农业研究所成立项目攻关团队，进行世界首创的膜下滴灌水稻栽培技术研究。

2004年初，新疆天业（集团）有限公司投入资金、技术资源和人力在天业农业研究所试验地进行滴灌水稻栽培初步探索。试验分滴灌水稻、膜下滴灌水稻两种模式，结果表明：运用滴灌种植水稻都能正常出苗，但不覆膜栽培条件下由于蒸发量大、草害严重和苗期地温低等因素会导致植株停止生长；覆

---

* 亩为非法定计量单位。1亩=1/15hm^2。

膜栽培有利于提升地温、保水和抑制杂草等优势，使得植株可正常生长发育，但品种选择、水肥管理方法和机械改善等技术措施尤为重要，直接影响产量、品质。

2005—2008 年，集团持续给予支持，在天业农业研究所进行小面积试验和品种筛选。累计从 400 多个品种中筛选并培育出多个适合膜下滴灌栽培模式的水稻品种；对膜下滴灌水稻的需水需肥规律、种植模式、密度试验和病虫害综合防治技术进行了探索；开发了适宜粮食作物的小流量滴灌带；研发了水稻除芒机和膜下滴灌播种机，使播种、铺膜和铺滴灌带一次完成，提高了膜下滴灌水稻机械化程度，降低了生产成本。历经 4 年的基础研究，天业膜下滴灌水稻机械化栽培研发团队基本掌握了膜下滴灌栽培条件下水稻品种选择方向和指标、需水需肥规律、病虫草害防治方法以及品质控制方法等关键技术并制定了地方技术规程。

在 2008 年小面积试验成功后，2009 年开始进入大田示范并连续 4 年平均产量递增 100kg/亩。其间，2011 年"膜下滴灌水稻机械化直播栽培方法"获得国家发明专利和新疆维吾尔自治区专利一等奖，2012 年获第十四届中国专利优秀奖。随着"十二五"农村领域首批国家高新计划"863"课题的实施，集团在石河子市北工业园区天业化工生态园建设 600 亩膜下滴灌水稻示范基地。目前，膜下滴灌水稻已在全国累计示范推广超过 50 万亩。2018 年 4 月，在第二届中国（三亚）国际水稻论坛优质稻米评选中，集团的膜下滴灌优质稻米荣获"中国十大优质稻米"称号。2019 年，央视新闻频道和《人民日报》先后报道了天业膜下滴灌水稻。

通过 10 多年的努力和攻坚克难的科研精神，新疆天业（集团）有限公司探索出一套世界首创的高产、高效、优质和生态的膜下滴灌水稻现代化栽培技术。该技术打破了水稻水作的传统，全生育期不建立水层，大幅度提高水肥利用率和土地利用率，降低肥料和农药对环境造成的危害，显著减少甲烷气体排放。同时，滴灌平台的建立大幅度降低劳动强度，实现了全程机械化和水肥一体化。

第二章

膜下滴灌水稻栽培的生物学基础

一、膜下滴灌水稻对品种的要求

(一) 株高

水稻植株高度是品种的一个重要特性，也是决定抗倒伏性的主要因素，历来备受稻作研究工作者的重视。水稻株高的遗传育种研究主要有 3 个方面：一是从育种角度分析了株高与产量、抗倒伏性的遗传关系，二是从经典遗传学角度分析了株高是受主基因和微效基因控制的数量性状，三是从分子遗传学水平进行株高性状基因的分子标记定位。新疆天业农业研究所经过多年的研究表明：膜下滴灌水稻要求品种的株高在95～115cm。

(二) 叶片

目前，大面积推广的水稻品种很多，根据总叶片数和伸长节间的多少，可将水稻生育期归纳为以下 5 种类型：

1. 特早熟早稻类型 主茎总叶片数一般在 10 片叶以下，地上部只有 3 个伸长节间。可做连作晚稻秧田前季作物。

2. 早稻类型 主茎总叶片数 11～13 片叶，地上部有 4 个伸长节间。其中，早熟品种主茎总叶片数为 11 片叶，中熟品种主茎总叶片数为 12 片叶，迟熟品种主茎总叶片数为 13 片叶。

3. 中稻类型 主茎总叶片数 14～17 片叶，地上部有 5 个伸长节间。此类型 14～15 片叶的品种，如果作双季晚稻栽培，其主茎总叶片数减少到 13 片叶以下，伸长节间数减少到 4 个。

4. 单季晚稻类型 主茎总叶片数一般在 17 片叶以上，地上部有 6 个伸长节间。

5. 双季晚稻类型 湖南各地栽培的双季晚稻，一般是用中稻品种和单季晚稻品种。因此，双季晚稻品种生育类型主要有两类，一类是中稻品种作双季晚稻栽培，其主茎总叶片数一般在 13 片叶以下，地上部有 4 个伸长节间；另一类是中稻品种和单季晚稻品种作双季晚稻栽培，其主茎总叶片数在 14～16 片叶，地上部有 5 个伸长节间。

膜下滴灌属于特殊栽培条件，对叶片的要求也有区别。因此，在新疆垦区膜下滴灌栽培条件下，对品种的叶片要求是，根据无霜期的长短决定品种的叶片数，要求水稻的叶片数在 10～13 片叶。

（三）穗

穗是水稻产量的最终表达部位，穗部性状在产量构成因素中占有很重要的地位。水稻穗部是储存光合作用产物的主要场所，是形成经济产量的主要部位。水稻穗形相关性状包括穗长、一次枝梗数和二次枝梗数，是构成稻穗的"基本骨架"，对其进行分析研究，对于选育穗长适中、枝梗数分布合理的理想穗形具有重要意义。天业农业研究所筛选品种的要求为穗长在 13～15cm，单穗重为 2.5～2.7g。

（四）穗粒数

膜下滴灌水稻的穗粒数与常规旱稻相似，推荐膜下滴灌水稻选用稻穗总粒数 110 粒左右、穗实粒数 95 粒左右的品种。

（五）千粒重

千粒重是水稻库容量和产量潜力的重要决定因素，是遗传力最高的一个（一般在 80％左右），千粒重还是稻米外观品质和蒸煮品质的重要影响因子。膜下滴灌水稻千粒重要求为 23～25g。

二、膜下滴灌水稻生长发育特性

随着全球气候变暖、水资源日益短缺和世界人口的爆炸性增长，我国的传统水稻生产正面临越来越严重的干旱威胁。因此，变革稻作方式、推广节水灌溉稻作方式是我国稻作长期生存与发展的出路之一。

近几年，由新疆天业（集团）有限公司创新研究的膜下滴灌水稻逐步兴起。水稻膜下滴灌作为一项新型高效农业节水技术，采用机械直播，将滴灌与覆膜技术结合起来，水和肥料通过滴灌带直接作用于水稻根系，做到全生育期无水层。该技术大大提高了水分利用率，具有省时省工等特点。传统的水稻是在淹水条件下种植，全生育期可见一定的水层，当水稻采用膜下滴灌技术后，生长环境和种植方法发生改变，为适应新环境，水稻的相关生理性状受到不同程度的影响，科研人员对膜下滴灌水稻的形成和发展、优势和前景、农艺性状和对生态环境的影响等方面进行了相关研究。本书现就膜下滴灌水稻生理性状的变化进行归纳，主要有以下几个方面，可为进一步探索和推广膜下滴灌水稻积累一些有用的参考资料。

（一）膜下滴灌水稻生育期

T-04 和 T-43 是天业农业研究所选育适宜膜下滴灌栽培的品种。通过对膜下滴灌水稻全生育期的研究，如表 2-1 所示，品种 T-04 采用膜下滴灌方式种植后，分蘖期和拔节孕穗期生育期与传统淹灌基本没有什么差别，始穗期、齐穗期和乳熟期均比传统淹灌方式提前 5～8d；T-43 采用膜下滴灌方式种植后，关键生育期也提前了 7～10d。由表 2-1 可以看出，水稻采用膜下滴灌方式种植后，生育期提前，这与有些学者提出的旱作条件下，水稻生育期延长的结论不一致。

表 2-1 膜下滴灌水稻主要生育期

品种	灌溉方式	生育期（月/日）				
		分蘖期	拔节孕穗期	始穗期	齐穗期	乳熟期
T-04	膜下滴灌	5/22	7/1	7/16	7/23	7/30
	传统淹灌	5/22	7/2	7/24	7/28	8/7
T-43	膜下滴灌	5/22	6/22	7/8	7/16	7/24
	传统淹灌	5/22	7/2	7/18	7/24	7/31

（二）膜下滴灌水稻茎蘖动态

从图 2-1 可以看出，前期两品种淹灌分蘖数较低，这可能是因为前期淹灌插秧后正在缓苗期，此时，膜下滴灌水稻分蘖数高于传统淹灌。6 月 28 日后，传统淹灌水稻分蘖数高于膜下滴灌，这可能因为淹灌水稻度过返青期，于 6 月 18 日后分蘖数急剧增加。

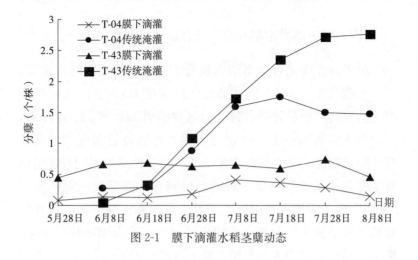

图 2-1　膜下滴灌水稻茎蘖动态

（三）膜下滴灌水稻叶片叶绿素含量

膜下滴灌方式下 T-04 叶绿素总浓度在整个生育期基本高于传统淹灌，并且都差异显著。T-43 在 7 月 4 日之前，膜下滴灌高于淹灌，19 日之后，反之（表 2-2）。这可能是因为叶绿素的合成受光照、温度和水分等环境因素影响大，膜下滴灌栽培方式下水稻小环境与传统淹灌不同。

表 2-2　膜下滴灌水稻叶片叶绿素含量（mg/g）

品种	处理	日期（月/日）						
		6/5	6/20	7/4	7/19	8/4	8/19	9/4
T-04	膜下滴灌	3.05b	2.51d	2.58b	2.47b	3.19a	2.16b	1.32a
	传统淹灌	1.15d	2.66c	2.29c	2.08c	2.67b	1.85c	1.08c
T-43	膜下滴灌	3.43a	3.17a	3.21a	2.68a	2.69b	1.97c	1.77c
	传统淹灌	1.76c	2.77b	2.53b	2.90a	3.08a	2.29a	1.23b

注：同列不同字母表示在 0.05 水平上差异显著。

（四）膜下滴灌水稻叶片净光合速率日变化

膜下滴灌净光合速率基本都低于淹灌，呈现双峰形曲线，第一个高峰出现在 12：00，第二个出现在 16：00。随着光强和温度的升高，两品种叶片净光合速率也升高，到 14：00 左右，温度和光强达到最大，已超过水稻光合的最适温度和饱和光强，即出现光合"午睡"现象（图 2-2）。两品种不同程度地出现了光合"午睡"现象，淹灌的较轻微，滴灌较明显。发生"午休"的主要原因是强光、高温、低湿和土壤干旱等条件引起的气孔部分关闭和光合作用光抑制。滴灌水稻叶片"午休"现象较明显，可能因为水稻在膜下滴灌模式下形成的小环境和土壤含水量等有别于传统淹灌。所以，在膜下滴灌方式下，水稻在高温的干热天气下要注意降温、保湿，如采取叶面喷雾等措施降低周围小环境的温度，减弱"午休"。

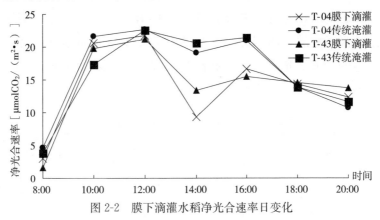

图 2-2　膜下滴灌水稻净光合速率日变化

（五）膜下滴灌水稻叶片气孔导度日变化

膜下滴灌水稻气孔导度随辐射与温度的增加而增加，在

12：00 到达高峰，此后由于太阳辐射的继续增强，气温升高，空气饱和差加大，为了防止水分过度蒸腾而致使作物失水，14：00 气孔导度有所下降。两品种膜下滴灌条件下气孔导度基本都低于淹灌，12：00 都出现峰值，滴灌在 16：00 出现第二个峰值，淹灌不明显（图 2-3）。傅志强等研究表明，受旱处理的水稻叶片光合速率和气孔导度均低于深水灌溉和间歇灌溉。气孔导度的开合受水分的影响，膜下滴灌可能受水分限制，气孔导度较小。

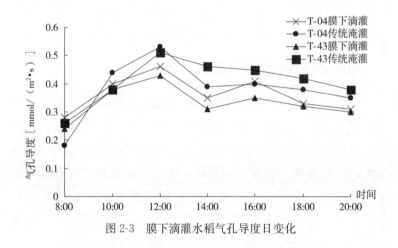

图 2-3　膜下滴灌水稻气孔导度日变化

（六）膜下滴灌水稻叶片丙二醛含量

膜下滴灌水稻在水分胁迫条件下，丙二醛含量的增加是稻株生长代谢对逆境的一种生理响应，它的升高标志着植株快速转向衰亡。图 2-4 中，分蘖期淹灌水稻丙二醛含量高，可能是由于淹灌水稻插秧后不久，刚经历返青期。

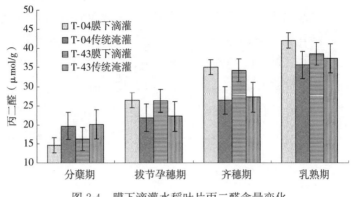

图 2-4　膜下滴灌水稻叶片丙二醛含量变化

（七）膜下滴灌水稻根系形态特征

天业农业研究所研究表明：膜下滴灌水稻根系分布明显深于常规淹水灌溉；节水灌溉根系呈倒树枝状，各层分布相对均匀，而常规淹灌多呈网状分布。由表 2-3 看出，土表下 20cm深度，两品种膜下滴灌水稻根系长度、表面积和平均直径都高于传统淹灌，根系分布量大。这有利于膜下滴灌水稻吸收养分、转化、合成植株所需物质，与地上部进行物质交流。土表下 40cm，两品种膜下滴灌方式与常规灌溉无显著差异。

表 2-3　膜下滴灌水稻每穴根系形态

深度	品种	灌溉方式	根系形态			
			长度（cm）	表面积（cm²）	体积（cm³）	平均直径（mm）
20cm	T-04	膜下滴灌	8 527.14a	1 278.66a	26.00a	3.60a
		传统淹灌	5 918.28b	954.62b	18.97c	2.95b
	T-43	膜下滴灌	9 837.83a	1 342.08a	24.95ab	3.50a
		传统淹灌	6 243.68b	1 293.17a	19.66bc	3.02b

（续）

深度	品种	灌溉方式	根系形态			
			长度（cm）	表面积（cm²）	体积（cm³）	平均直径（mm）
40cm	T-04	膜下滴灌	368.77c	38.67c	0.58d	0.34c
		传统淹灌	267.76c	32.67c	0.59d	0.39c
	T-43	膜下滴灌	455.60c	48.40c	0.71d	0.31c
		传统淹灌	301.39c	28.25c	0.35d	0.38c

注：不同字母表示在 0.05 水平上差异显著，同一深度同一品种内比较。

（八）膜下滴灌水稻根系氧化力

膜下滴灌水稻随着生育进程的推进，两品种水稻根系氧化力都是呈先增高、后降低的趋势。品种 T-04 在拔节孕穗期达最大，T-43 在齐穗期达最大。分蘖期，品种 T-04 在膜下滴灌方式下，根系氧化力比传统淹灌低，其他 3 个时期高于传统淹灌，且差异显著。品种 T-43 膜下滴灌方式的根系活力除了分蘖期外，其他 3 个时期的明显高于传统淹灌。乳熟期两品种都表现出膜下滴灌方式根系活力显著高于传统灌溉（表 2-4）。

表 2-4　膜下滴灌水稻根系氧化力 [μg/（g·h）]

品种	处理	分蘖期	拔节孕穗期	齐穗期	乳熟期
T-04	传统淹灌	77.31b	152.13bc	126.81c	58.59c
	膜下滴灌	57.02c	182.88a	161.29b	75.80b
T-43	传统淹灌	73.80b	134.37c	159.60b	34.58d
	膜下滴灌	78.65b	170.42ab	187.42a	57.11c

注：不同字母表示在 0.05 水平上差异显著。

（九）不同灌溉方式水稻根系硝酸还原酶活性

膜下滴灌水稻随着生育进程的推进，水稻根系硝酸还原酶活性都是先增高，到拔节孕穗期达到最大，之后降低。两品种膜下滴灌灌溉方式硝酸还原酶活性基本都高于淹灌（图 2-5）。

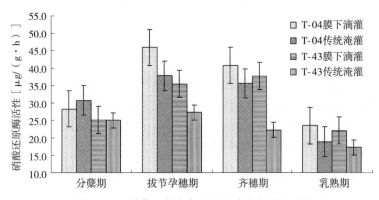

图 2-5　不同灌溉方式水稻根系硝酸还原酶活性

　　膜下滴灌方式下种植水稻，水稻生育期提前 7d 左右；分蘖数减少；叶绿素含量不同程度的增加；净光合速率和气孔导度日变化比传统淹灌低，且膜下滴灌水稻叶片光合"午休"现象较明显；叶片丙二醛含量升高；土表下 20cm 深度，膜下滴灌水稻根系长度长、表面积和体积大、平均直径粗，根系分布量大，土表下 40cm，无明显变化；根系硝酸还原酶活性升高。

三、膜下滴灌水稻高产优质
对生态条件的要求

　　水稻是我国重要的粮食作物，农用水资源日趋匮乏已严重威胁到世界粮食安全。传统的水田水稻耗水量很大，且排放较多温室气体，损害生态环境。膜下滴灌所引发的生态环境的改变直接影响着水稻的生理生态、生长发育、品质和产量。

稻米品质是稻米作为商品流通与消费过程中的一种综合评价，它是稻米本身物理及化学特性的综合反映。稻米品质通常被分为碾磨品质、外观品质、蒸煮食味品质和营养品质4个方面的12项指标，即糙米率（BR）、精米率（MR）、整精米率（HR）、粒长（GL）、长宽比（L/W）、垩白粒率（CG）、垩白度（C）、透明度（T）、糊化温度（GT）、胶稠度（GC）、直链淀粉（Ac）含量和蛋白质含量。

（一）水稻品种生态型对膜下滴灌水稻高产优质的影响

稻米产量和品质的好坏首先受本身遗传基因的影响，培育优质稻米品种是稻米优质生产非常重要的一个环节。籼稻、粳稻、糯稻的稻米产量和品质存在明显的差异。根据各自的栽培季节与生育期的不同，籼稻和粳稻又分为早籼稻、中籼稻、晚籼稻、早粳稻、中粳稻和晚粳稻。不同品种的米在产量和品质上有差别，不同生育期的米在产量和品质上也有差别。

（二）地理生态型对膜下滴灌水稻高产优质的影响

水稻在中国种植的极限海拔高度为2 710m。水稻种植随着海拔的增高，能降低稻米垩白和胚乳淀粉小细胞数，水稻米质有提高的趋势。其影响程度及米质随着海拔变化的趋势依品种的品质优劣而不同，米质越好的品种其改善的幅度越大。

1. 海拔对膜下滴灌水稻产量的影响　不同气候生态型的水稻品种要求的温度条件不同，而各地的地理环境和温度垂直递减率不同，水稻在中国各地种植上限也不同。膜下滴灌水稻采用高压灌溉的方式灌溉，在高海拔地缺水区也能种植，采用随水施肥，对提高产量有很大作用。所以，在高海拔地区种植滴灌水稻，产量上有潜力可挖。

2. 海拔对膜下滴灌水稻品质的影响 海拔高度不同,对稻米品质也会产生深刻的影响。膜下滴灌水稻施肥方式是采用缺什么补什么的原则,减少化肥用量,可在关键生育时期将有机肥和微量元素通过滴灌方式施入水稻根际周围,可进一步提高水稻的品质。

(三)地质生态条件对膜下滴灌水稻高产优质的影响

1. 土壤类型、质地与肥力对膜下滴灌水稻产量的影响 我国土壤种类众多,资源丰富,典型农田土壤有分布在东北、西北、黄淮海、长江中下游、华南和西南地区的黑土、灰漠土、黑垆土、潮土、红壤土和水稻土。膜下滴灌水稻与常规水稻相似,也需要有机质含量高、质地好的土壤类型。

2. 土壤类型、质地与肥力对膜下滴灌水稻品质的影响 在相同施肥水平和生产技术条件下,土壤类型对整精米粒率、垩白粒率、垩白度和蛋白质含量等稻米指标影响较大。膜下滴灌方式种植水稻,品质形成对土壤的质地要求不高,植株吸取了原有土壤的营养成分,也可大量吸收滴灌带中随水施入的肥料,滴灌肥的开发和利用提高了滴灌水稻品质。

(四)气候生态条件对膜下滴灌水稻高产优质的影响

气候的影响是全球农业生产的显著因子。无论是天气的季节变化,还是其区域变化对膜下滴灌水稻的产量和品质的潜力产生直接影响。从播种到收获,降水、温度、日照时数和风等气象因子对膜下滴灌水稻的产量和品质都有重要影响。

1. 温度对膜下滴灌水稻高产优质的影响 温度因素包括极端气温、日平均气温和昼夜温差等,均影响膜下滴灌水稻光合作用强度、生育进程和有机物质积累等方面。灌浆期的温度是影响膜下滴灌水稻稻米品质的主要因素，一般要求灌浆期间日平均温度30℃以下，相对湿度83％～88％为佳。总的来说，结实期25～27℃日均温度区段对品质性状影响较大，27℃以上高温的影响很小。结实期较低温度对多数品质性状的提高是有利的，如有利于整精米率提高、垩白米率降低、中低含量型品种直链淀粉含量的增加、糯型品种直链淀粉含量的降低以及稻米糊化温度的降低，但较低温度不利于多数品种蛋白质含量的提高。

2. 光照对膜下滴灌水稻高产优质的影响　光照主要是通过影响光合作用来影响膜下滴灌水稻的最终产量。在灌浆期光照不足，会造成碳水化合物积累少，籽粒充实不良，粒重下降，青米多，加工品质变劣，同时也会使蛋白质和直链淀粉含量增加，引起食味下降。

灌浆结实期光照对膜下滴灌水稻垩白形成也有一定影响，灌浆后期光照不足，光合作用受阻，特别是营养生长过旺，田间郁闭，通风透光不良，垩白米发生多。此外，光照不足还影响水稻籽粒淀粉合成，造成空瘪率升高。

第三章

膜下滴灌水稻栽培需水规律

一、膜下滴灌水稻不同生育期需水特征

（一）节水条件下水分需求运移规律

作物需水量，是指在适宜的外界环境条件（包括土壤水分、养分的充足供应）下，作物正常生长发育达到或接近该作物品种的最高产量水平时所需要的水量。作物需水量是作物整个生长期叶面蒸腾和棵间蒸发量的总和（也称腾发量）。通常叶面蒸腾量占作物需水量的 $60\% \sim 80\%$，棵间蒸发量占 $20\% \sim 40\%$。深层渗漏水量对旱作物来讲是有害无益的。作物需水量除与作物种类和品种不同外，还与气象条件、土壤条件、农业生产技术以及产量水平有关。

1. 田间持水量和凋萎系数

（1）饱和持水量。也称土壤最大持水量或全容量，是土壤中全部孔隙被水占据时所保持水分的最大含水量。它是反映土壤持（释）水性质的量化指标。

（2）田间持水量。是土壤中所能保持毛管水（是植物吸收利用最有效的水分）的最大量，其大小与土壤机械组成、结构有关。田间持水量是土壤保水性能的重要指标，也是田间灌水和排水的重要参数。

（3）凋萎系数。指植物从土壤中已吸收不到水分而产生萎蔫现象时的土壤含水量。凋萎系数因植物和土壤种类不同而有差异，是植物利用有效水的下限。

不同土壤田间持水量、凋萎系数一览表见表3-1。

表3-1　不同土壤田间持水量、凋萎系数一览表

土壤质地	容重 (g/cm³)	田间持水量（%）		凋萎系数（%）	
		按重量	按体积	按重量	按体积
沙土	1.45～1.80	16～20	26～32	—	—
沙壤土	1.36～1.54	22～30	32～40	4～6	5～9
轻壤土	1.40～1.52	22～28	30～36	4～9	6～12
中壤土	1.40～1.55	22～28	30～35	6～10	8～15
重壤土	1.38～1.54	22～28	32～42	6～13	9～18
轻黏土	1.35～1.44	28～32	40～45	15	20
中黏土	1.30～1.45	25～28	35～45	12～17	17～24
重黏土	1.32～1.40	30～35	40～45	—	—

2. 膜下滴灌水稻耗水系数与产量的关系　耗水系数是衡量水分被作物有效利用水平高低的重要指标。在不同生态条件和栽培条件下，膜下滴灌水稻的耗水量和耗水系数存在一定差异。总的趋势是：随着产量水平提高，总水量增加，耗水系数下降。在膜下滴灌水稻大田生产上，随着土壤、气候、品种、施肥、耕作和栽培条件不同，总耗水量和耗水系数并不呈现一定比例关系。如果有关条件配合好、措施得当，在不增加总耗水量的基础上，有可能通过降低耗水系数而获得高产。相反，缺乏灌溉条件而施肥不足、沙质土壤等稻田，水稻生长不良，植株群体小，地面蒸发量大，水分利用率低，总用水量虽减少，由于产量不高，耗水系数反而增加。

3. 土壤含水量常用的表示方法 土壤含水量（土壤湿度即土壤墒情）常用的表示方法有下列几种：

（1）土壤重量含水率 W（％），即土壤中实际所含的水量 $W_水$（g）占土壤干重 $W_土$（g）的百分数。

$$W = \frac{W_水}{W_土} \times 100$$

（2）土壤体积含水率 θ（％），指土壤中水的容积 $V_水$（cm^3）占土壤容积 $V_土$（cm^3）的百分数。

$$\theta = \frac{V_水}{V_土} \times 100$$

（3）土壤相对含水量 $\theta_{相对}$（％），指土壤中实际含水率 W（％）占田间持水量 $\theta_{田持}$（％）的百分数。

$$\theta_{相对} = \frac{W}{\theta_{田持}} \times 100$$

4. 作物耗水量（需水量）计算方法 耗水量的计算，一般采用水分平衡法，常用的计算公式为：

水稻耗水量＝播前土壤储水量＋有效降水量＋灌溉总量－收获时土壤储水量

其中，有效降水量＝实际降水量－地面径流水－渗入地下重力水。

在新疆等干旱半干旱区，水稻生育期间雨水很少，加之水稻采用膜下滴灌栽培技术后，人为对灌水调控能力加强，地面径流和渗入地下水现象大大减少，滴灌水稻灌水定额实际上几乎接近有效用水量。所以，膜下滴灌水稻栽培技术有利高效节水，大幅度提高水分利用率。

（二）水分在膜下滴灌水稻生长发育中的作用

水分在膜下滴灌水稻生长发育中的作用有两个方面，即生理需水和生态需水。

（1）水是细胞的重要组成部分，是水稻体内氢元素的主要来源，也是原生质重要的组成成分，细胞的分生与扩大均要求有充足的水分。

（2）水稻对营养物质的吸收和转运都必须以水为媒介，体内合成、分解、氧化和还原等生化反应，均需有水参与。

（3）适宜的土壤含水量和植物组织的水分饱和度，不但可以促进代谢作用，提高光合能力，而且还能改善农田生态环境条件和土壤中养分、空气、热量等肥力因素。

（4）水是良好的溶剂，如肥料的溶解吸收、利用和气体交换等都要依靠水作为介质。

（5）水是水稻进行光合作用的主要原料之一。水分不足时，光合作用受抑制，水稻生长速度减慢，严重缺水时，叶片萎蔫、气孔关闭、物质消耗增多，植株体内运输中断，产生早衰，影响产量。土壤中水分过多，空气不足，会使根系发育受阻，出苗后尤其在氮肥增多的情况下，容易引起叶片徒长、滋生分蘖、群体过大、田间郁闭和生理机能失调，后期甚至产生倒伏或导致贪青晚熟减产。

（6）水具有重要的生态意义，可以用来调控作物生长、调节生长过程多种关系，如通过蒸腾散热调节体内温度，以减少烈日的伤害；高温干旱时，通过灌水能调节植株周围的温、湿度，改善农田小气候；用灌水能促进肥效释放和利用。因此，水是获得高产稳产的一种重要手段。

（7）膜下滴灌水稻对不同深度土壤水分的利用。稻田土壤不同层次的水分变化是不同的。根系较多地扎到深层，可以大大提高植株的抗旱能力。随着水稻产量的提高，根系干重增长速度低于地上部分，根系活力高才能维持地上、地下部形态及机能的综合平衡。0～5cm 土层的上层根对产量的贡献率高达 65％，5～20cm 的下层根贡献率占 35％。上层根发育受制于下层根，下层根对产量的间接作用大于其对产量的直接作用。因此，超高产水稻必须有发达的上层根和强大的下层根，即根系分布深，根量大、粗、壮，同时根系活力必须强。

水稻苗期主要利用 0～20cm 土层水分，拔节以后对下层土壤水分利用逐渐增加，甚至能较多利用 1m 深处水分。灌浆期对耕层水分利用比例有所回升，但深层水分利用仍占较大比例。值得注意的是，产量水平越高，对深层水分利用的比例越大。因此，保证充足的底墒并促进根系下扎是争取膜下滴灌水稻高产的重要前提。

（三）膜下滴灌水稻栽培需水的特点

膜下滴灌水稻各生育期的耗水量不同，是因为所处的生育期外界气候条件不同而引起蒸腾情况不同。同时，植株个体大小和叶面积不同，根系发育程度不同，也造成需水程度的差异。滴灌水稻以拔节孕穗期至灌浆初期需水最多，因为这几个时期水稻生长迅速，叶面积接近或达到最大，而外界气温较高，空气干燥，蒸发量也大。各生育期需水特性如下：

1. 苗期 水稻种子发芽最少要吸收自身质量 25％的水分，吸水达到自身质量 40％时对发芽最为适宜。稻种发芽阶段的吸水过程是和发芽进程同步的 3 个吸收过程，即急剧吸水、缓慢吸水和大量吸水 3 个阶段。吸水所用时间与当时温度有关，水温 10℃时需 10～15d，15℃时需 6～8d，20℃时需 4～5d。发芽的氧气需求、水稻种子发芽所需的全部能量，都是通过呼吸作用来实现能量转化的。当膜下 10cm 土层含水量为田间持水量的 70％～75％时，出苗率最高，过多或过少都不利于出苗。

2. 分蘖期　分蘖初期的 0～20cm 根层土壤水分控制下限标准为饱和含水量的 85％～90％，控制上限标准为饱和含水量；分蘖中期的 0～20cm 根层土壤水分控制下限标准为饱和含水量的 80％，控制上限标准为饱和含水量；分蘖末期的 0～20cm 根层土壤水分控制下限标准为饱和含水量的 70％～75％，控制上限标准为饱和含水量。滴水方法，初期气温低尽量少滴，以免造成死苗或僵苗。中期多滴、勤滴。后期频率降低，单次滴水量加大。

3. 拔节孕穗期　拔节孕穗期大约经历 20d。拔节孕穗前期，从 10％稻株拔节到 80％的稻株拔节为止。拔节孕穗后期，从 80％的稻株拔节到 10％的稻株抽出剑叶为止（水稻拔节的标准是茎秆基部第一个伸长节间长度达到 1cm，由扁变圆）。拔节孕穗前期的膜内根层土壤水分控制下限标准为饱和含水量的 90％，控制上限标准为饱和含水量；拔节孕穗后期的膜内根层土壤水分控制下限标准为饱和含水量的 95％，控制上限标准为饱和含水量。此期是水稻生育过程中的需水临界期，这个时期水稻植株生长量迅速增大，根的生长量也是水稻一生中最多的时期，稻株叶片相继长出，群体叶面指数将达到最高峰值，水稻生长也将转移到穗部。所以，水稻对气候条件与水肥反应比较敏感，稻田不可缺水受旱，否则易造成颖花分化少而退化多，穗小，产量低。因此，要勤滴水，使土壤含水量达到饱和状态。

4. 抽穗扬花期　抽穗扬花期，经历 15d 左右。分为始穗期（全部水稻栽培区 10％的稻穗顶端露出叶鞘的日期）、抽穗期（全部水稻栽培区 50％的稻穗顶端露出叶鞘的日期）和齐穗期（全部水稻栽培区 80％的稻穗顶端露出叶鞘的日期）。水稻抽穗开花期光合作用强，新陈代谢旺盛，是水稻一生中需水较多的时期。此期缺水受旱会降低水稻的光合作用能力，影响有机物合成和枝梗颖花的发育，增加颖花的退化和不孕。因此，要合理调控土中水氧关系，尽力保护根系，提高根系生命力，养根保叶，迅速积累有机物，提高水稻结实率。此期膜内根层土壤水分控制下限标准为饱和含水量的 90%，控制上限标准为饱和含水量。

5. 成熟期　此期灌溉管理不容忽视，否则易造成产量下降，前期膜内根层土壤水分控制下限标准为饱和含水量的 75%，控制上限标准为饱和含水量。后期膜内耕层土壤水分控制下限标准为饱和含水量的 60%。

根据天业农业研究所的研究，水稻的上部叶片（即剑叶、倒 2 叶、倒 3 叶）所形成的碳水化合物占总量的 60%~80%，积累的干物质重占水稻一生中干物质重量的 70% 左右。上部顶叶（指倒 3 叶）制造的有机物质基本上输送给稻穗，不再向下输送。下部叶片所制造的养分向根部和下部节间输送。因此，要养稻根、保三叶、长大穗和攻大粒，有利于水稻通气、养根、保叶和促灌浆，提高粒重和收获产量。

（四）膜下滴灌水稻抗旱指标的研究

本研究针对抗旱性水稻种质的规模化高效筛选，探索水稻芽期、苗期抗旱性与成熟植株抗旱性及产量相关性，从形态学、光合作用、生理生化及分子水平，建立有效的水稻抗旱性精准鉴评技术。同时，揭示其抗旱性适应分子机制，为适宜膜下滴灌栽植水稻新品种筛选和选育提供技术和理论支持。

1. 水稻品种芽期抗旱性鉴定　从 2013 年度新引进 35 份水稻材料中，随机抽取 3 个水稻品种，精选大小一致、籽粒饱满的种子，经 5％次氯酸钠消毒 10min 后，灭菌蒸馏水冲洗数次，分别在 PEG 浓度为 0、5％、10％、15％、20％、25％和 30％的渗透液中萌发，每个处理 50 粒种子，设置 3 次重复，以胚芽长度为种子长度的 1/2、胚根长度为种子长度为发芽标准，以连续 3d 没有新的种子萌发为试验结束。选取品种间各生长指标差异最明显的 PEG 浓度为水稻抗旱性品种筛选浓度，以等量蒸馏水中的萌发为对照，对剩下的水稻品种进行萌发试验，通过隶属函数法评价各水稻品种的抗旱性。

2. 大田小区试验　选择抗旱性较强及旱敏感材料 3 份进行大田小区滴灌种植，行株距为 20cm×15cm，常规管理；同时，设置相应淹水种植为对照，成熟后各品种单独收获；称重，以种植材料的产量为标准评价筛选宜滴灌水稻品种。

3. 宜滴灌水稻抗旱评价指标筛选　采用盆栽控水模拟滴灌及水田条件，将大田小区试验中筛选的宜滴灌种植水稻品种及不宜滴灌种植品种播种于 75cm×30cm×35cm 的大盆中，每盆种植一行，株距 10cm。于苗期取剑叶，测定其叶片相对含水量、水分饱和度、活性氧含量、SOD、CAT、POD 和 APX 等指标，于分蘖期测定剑叶的光合作用、叶绿素荧光等参数，收获后考种，筛选出宜滴灌水稻品种的生理生化评价指标。

（1）水稻种质资源抗旱性鉴定 PEG 高渗溶液浓度确定及抗旱材料筛选。如图 3-1 所示，通过对随机选取的 3 个品种的抗旱指数、相对芽长、相对胚根长和相对物质转运速率的比较，发现在 15％PEG 浓度下品种间各指标差异较大，故选用 15％的 PEG 浓度对剩余 32 份水稻材料进行抗旱筛选，采用隶属函数法分析，最终筛选出较抗旱性水稻品种 6 份，将其大田小区种植，成熟单独收获，以产量为标准，最终筛选到抗旱品种 2 个：T-04 和 T-43。

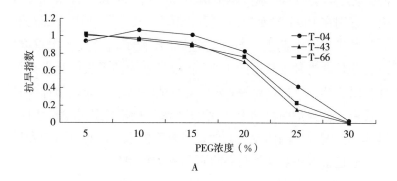

A

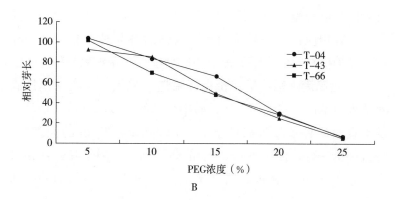

B

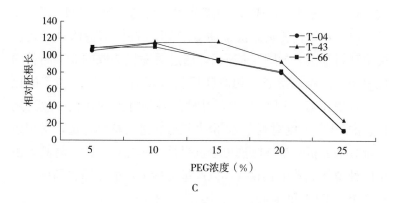

C

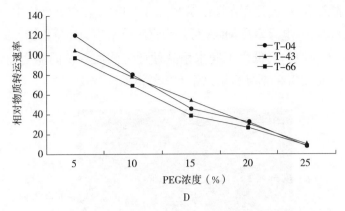

图 3-1　不同 PEG 浓度下各品种芽期指标

（2）种植模式对不同水稻品种苗期生理生化的影响。将筛选到的抗旱品种 T-04 和 T-43 盆栽种植，模拟滴灌和传统淹灌条件，以干旱敏感性水稻品种 T-66 为对照，其苗期生长表现如图 3-2 所示。苗期活性氧含量测定表明，在传统淹灌下，3 个水稻品种的苗期活性氧含量差异不大；在膜下滴灌模式下，T-04 和 T-43 的 O_2^- 含量明显高于水田模式，T-66 则相反（图 3-3A）；T-66 在滴灌模式下的叶片电导率显著高于水田模式，而 T-04 和 T-66 在两个模式下差异不显著（图 3-3B）；T-66 在不同种植模式下，丙二醛含量差异比较大，而 T-04 和 T-43 在不同种植模式下差异不显著，说明滴灌种植对 T-04 和 T-43 影响不大，对 T-66 的生长有影响（图 3-3C）；从 APX 和 CAT 活性来看，不同种植方式对 T-04 和 T-43 的影响不大，对 T-66 的影响较大，滴灌模式下的酶活性明显高于水田模式（图 3-3D、图 3-3E），说明滴灌模式对 T-66 的生长有一定胁迫，植株启用了抗氧化酶系统，提高抗氧化酶活性来清除体内活性氧，本结论刚好解释了图 3-3A 和图 3-3C 中 T-66 在滴灌模式下体内活性氧含量和 MDA 含量减少；T-43 和 T-66 的 SOD 活性在 2 种模式下都很高，可能是存在操作误差（图 3-3F）。在以上指标中，活性氧含量、电导率及 MDA 可作为宜滴灌水稻的评价指标，但是数值绝对值的高低由不同水稻品种适宜滴灌种植的能力而定。CAT 和 APX 的活性也可以作为参考指标。

图 3-2　T-04、T-43 和 T-66 盆栽条件下苗期表现

（3）不同种植模式对不同水稻品种分蘖期光合荧光参数的影响。叶片光合色素含量是反映植物光合能力的一个重要指标。其中，叶绿素含量与植物的光合作用密切相关，直接影响光合速率和光合产物的形成。T-04 和 T-43 叶片的叶绿素含量

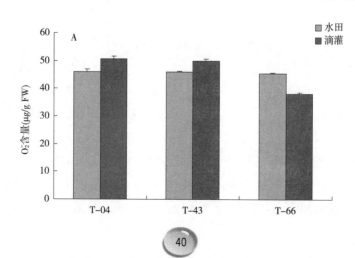

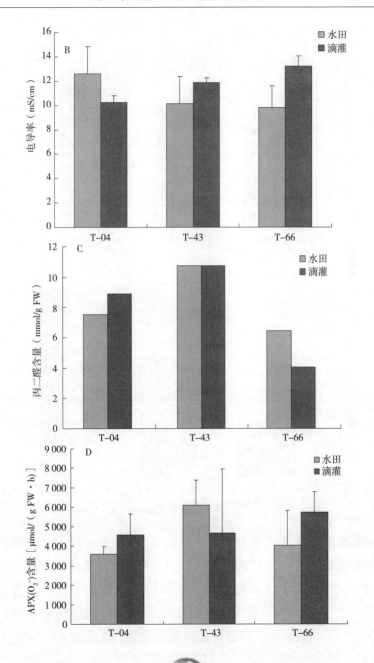

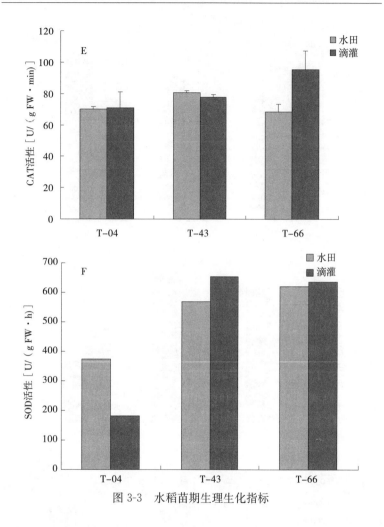

图 3-3　水稻苗期生理生化指标

在滴灌和水田模式下的差异不大，而 T-66 差异较大，说明滴灌模式影响 T-66 叶绿素的合成，T-66 不宜滴灌种植（表 3-2）。在水田模式下，各品种水稻剑叶背面气孔数量不存在显著差异，T-66 腹面气孔数量显著低于抗旱品种，滴灌模式下，T-04 和 T-43 的背面气孔数量存在显著差异（表 3-3）。

表 3-2　水稻叶片叶绿素含量

品种	种植方式	叶绿素 a 含量 (mg/g)	叶绿素 b 含量 (mg/g)	叶绿素含量 (mg/g)	类胡萝卜素含量 (mg/g)	叶绿素 a/叶绿素 b
T-04	水田	3.267±0.235	1.105±0.087	4.372±0.322	0.62±0.041	2.956±0.024
	滴灌	2.533±0.106	0.916±0.05	3.449±0.157	0.464±0.013	2.766±0.039
T-43	水田	3.424±0.061	1.186±0.027	4.611±0.089	0.625±0.018	2.885±0.016
	滴灌	3.372±0.105	1.204±0.02	4.531±0.126	0.614±0.018	2.762±0.041
T-66	水田	4.196±0.089	1.595±0.026	5.791±0.114	0.708±0.031	2.63±0.021
	滴灌	2.428±0.7.3	0.817±0.224	3.246±0.927	0.529±0.086	2.961±0.047

表 3-3　水稻叶片背腹面气孔数量（个/mm²）

品种	水田		滴灌	
	背面	腹面	背面	腹面
T-04	78.66±7.76bcd	66.5±0.7de	106.66±13.50a	88.66±10.96bc
T-43	85.66±15.01bc	73±14.2cde	88.5±0.70bc	77±5.29cde
T-66	83.33±10.69bcd	60±6.24e	91.66±5.5ab	80.66±8.08bcd

注：不同字母表示在 0.05 水平上差异显著。

光合作用是植物体内极为重要的合成代谢过程，其直接影响作物的生长及最终产量的形成。与水田模式相比，滴灌模式显著降低 T-04 和 T-43 的光合速率和 C_i/C_a，而对 T-66 影响不大（图 3-4A、图 3-4B）；滴灌模式下，T-04、T-43 和 T-66 的蒸腾速率显著低于水田模式，但是 T-66 降低幅度不及 T-04 和 T-43（图 3-4C）；各品种气孔导度与蒸腾速率的规律基本吻合，刚好对应于图 3-4A 中,滴灌模式下 T-66 的光合速率较高（图 3-4D）。

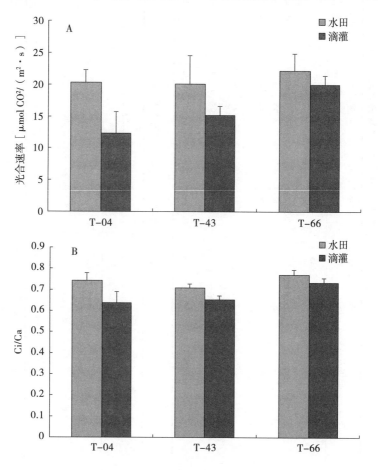

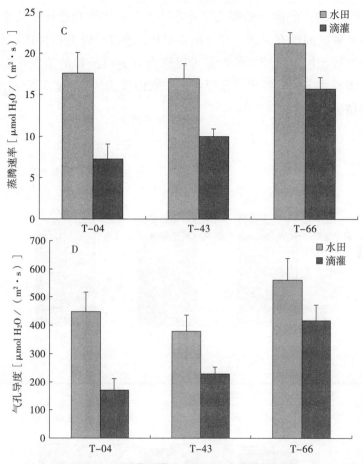

图 3-4　不同灌溉模式对水稻光合参数的影响

　　叶绿素荧光参数被认为是研究植物光合作用与环境的内在探针。各品种在不同种植模式下的 F_v/F_m、F_v/F_o 的差异不明显，不同品种之间差异不大。说明不同种植模式对各水稻品种的光合机构未造成损伤（图 3-5A、图 3-5B）；各品种在不同种植模式下及各品种之间的 Q_p（光化学淬灭系数）值差异不显著，说明不同种植模式对 PSⅡ反应中心开放程度影响较小

（图 3-5C）；滴灌种植模式显著降低 3 个品种的光能转化效率，各品种之间没有显著差异（图 3-5D）。通过对以上指标进行分析比较，拟定叶绿素的含量可以作为宜滴灌品种的鉴定指标，滴灌模式下的叶绿素含量显著低于水田模式的品种则不宜滴灌种植。

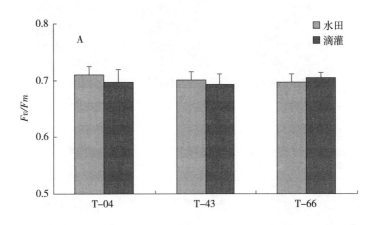

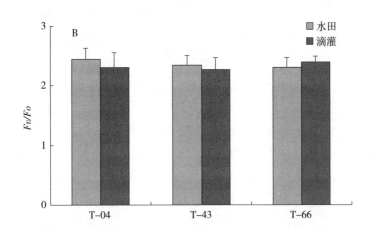

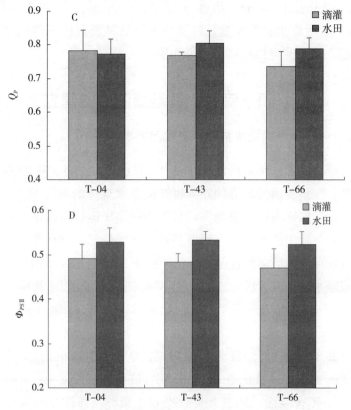

图 3-5 不同种植模式对水稻荧光参数的影响

在不同栽培模式下，对抗旱品种 T-04、T-43 和干旱敏感品种 T-66 的生理生化指标、光合荧光参数进行比较分析，初步确定宜滴灌水稻品种的鉴定指标有：活性氧含量、电导率、丙二醛、CAT 活性及叶绿素含量。

本研究对大量水稻种质资源进行抗旱性筛选，最终获得适宜新疆滴管种植的抗旱水稻品种 2 个：T-04 和 T-43，为新疆水稻滴管栽植提供了品种基础；通过对苗期水稻在水分胁迫下的形态、生理和生化反应进行深入研究，找出与抗旱性密切相关的可靠指标 5 个：活性氧含量、电导率、丙二醛含量、CAT 活性及叶绿素含量，对加快水稻品种资源抗旱性的鉴定速度、缩短鉴定周期具有重要作用。

二、膜下滴灌水稻灌溉制度的建立

（一）膜下滴灌水稻种植对水源要求

膜下滴灌水稻栽培管理过程中，对水分需求高于其他作物。地区、气候及田间长势的差异也造成需水规律的显著差异，总体评价以保证高频灌溉为宜，且需全程高压运行以保证滴水均匀。另外，出苗及苗期水稻根系对低温很敏感，在西北、东北等气候冷凉地区需保证苗期水温不低于 18℃（可采用地表水灌溉或晒水达到此需求）。完成上述需求水源须达到以下指标：

1. 物理指标 18℃≤水温≤35℃，悬浮物（SS）≤100mg/L。

2. 化学指标 pH 为 5.5～7.5，全盐≤2 000mg/L，含铁量≤0.4mg/L，氯化物≤200mg/L，硫化物≤1mg/L。

3. 不含杂质 不含泥沙、杂草、鱼卵、浮游生物和藻类等物质。

（二）膜下滴灌水稻灌溉制度

灌溉制度是指在一定气候、土壤等条件下和一定的农业技术措施下，按作物生长发育规律，为获得高产、稳产、节水和高效等而制订一套田间适时适量的灌水方案，包括作物播种后及全生发育期灌水次数、灌水日期和数量等。灌水定额是指每一次单位土地面积上灌水的数量。全生育期灌水的总量称灌溉定额。由于采用膜下滴灌等方法不同，其灌溉定额有所不同。

膜下滴灌水稻的灌溉制度要根据不同气候、土壤和作物生长程度等因素进行综合考虑。

1. 根据气温确定日常浇水次数及频率　由于膜下滴灌水稻栽培技术能有效杜绝水分的向上蒸发与向下渗漏，所以，水稻的需水量主要有两部分组成。一是水稻自身生长发育所需，二是植株蒸腾作用消耗。其中，植株的蒸腾作用主要与气温有关。

膜下滴灌水稻的灌溉与气温关系紧密。如果气温高，植株蒸腾速率大，需水量也大，此时当加大一次的灌溉量，确保植株的正常生长。如果气温过高，如西北地区的 7～9 月，温度高，空气干燥，流动性大，此时可采取多次灌溉的措施，降低植株所受到的影响；反之，如果气温低，空气湿度大，则需要相应降低灌溉量，以免造成不必要的水资源损失。

2. 灌溉时间的适宜　与传统淹灌水稻相比，膜下滴灌水稻的土壤温度变化差异较大。行间与膜间、白天与夜间、土壤温度都有很大差异。所以，膜下滴灌水稻的灌溉时间需要进行相应的选择。如在白天的高温时段对植株进行灌溉，则可能降低植株根部土壤温度，影响植株根系吸收，减缓植株的生长趋势；如在植株生长缓慢的晚间低温时间进行灌溉，因为没有光合作用，则植株对水分的利用率降低，水资源得不到充分利用。

3. 高频灌溉的作用　高频滴灌并没有严格的定义，只是相对于常规灌水而言的。作物生育期或需水关键期灌水频率大于常规灌水时就可以称为高频滴灌。在膜下滴灌平台，对于高频灌溉的研究比较少，主要集中在棉花、向日葵、甜瓜和番茄等作物上。研究结果表明，高频灌溉对植株的生长具有几方面的作用。其一，可以在灌溉定额不变的基础上，提高产量和品质。其二，有利于提高土壤含水率，促进肥料转化率。其三，高频灌溉对植株生长动态具有高效调控作用。

4. 水稻需水量与灌溉方数之间的动态平衡 作物需水量一般以某一阶段或全生育期所消耗的水层深度或单位面积上所消耗的水量（m^3/hm^2）表示。影响作物蒸腾过程和棵间蒸发过程的因子都会对作物需水量产生影响。这些因子很多，其中的主要影响因子可以概括为气象因子、作物因子、土壤水分状况、耕作栽培措施及灌溉方式等。这些因子对作物需水量影响主要是通过对作物棵间蒸发的影响而实现的。

膜下滴灌水稻不同生育期具有不同的水分需求，实际灌溉方数（W_1）与植株需水量（W_0）之间切合得越好，则无效水方数（V）就越小。

$$V = W_1 - W_0$$

式中，如果 $V=0$，则为最佳状态。实际情况下，结果往往为 $V>0$。如果 $V<0$，则说明实际灌溉方数过少，影响植株生长。

上面是一个动态公式，实际灌溉方数（W_1）往往取决于植株需水量（W_0），而植株需水量（W_0）则又和土壤结构、气候条件、日照温度等密切相关。在实际生产中不可能随时达到 $V=0$ 的情况，但要尽量做到 $V \geqslant 0$，而 $V<0$ 的情况，尽量避免发生。

5. 滴灌自动化 膜下滴灌可按水稻对水分需要科学配水，实现自动化适时适量灌溉，有利节水、增产和增效。

自动灌溉系统（图3-6）是按事先设计的灌溉定额和所需灌水量调整自动阀，再开启动系统，当第一个灌水单元灌溉水量达到预定小时时，计量阀自动关闭，控制压减少。下一个单元受水压作用计量阀自动打开灌水，直至到预定灌溉量，自动

图 3-6 自动滴灌系统

关闭。以此类推，待所有单元灌水完毕后，自动停止。另一类是按土壤水分状况，进行自动监测灌溉，在有代表性稻田，设固定点埋设土壤湿度计，通常是使用张力计，当土壤水分下降时，张力计真空表因压力减少，指针指标的负值上升。当指针与位于灌水值表的负值处的电接点相遇时，电源接通，电磁阀开放，灌溉系统随即供水。当土壤达到一定湿润状况时，真空表指针回到预定负值处的电接点，电源会自动切断，电磁阀关闭，灌水立即停止。

用张力计以负压表示土壤水分状况时，在土壤过干或过湿时误差较大，只有在正常栽培条件下的土壤水分变化范围内才可使用。自动化灌溉系统一般设有手动装置，必要时可用人工调节，用电子计算机自动监测大面积水分状况和自动控制灌溉更为先进。

具体灌溉定额如下：

（1）出苗期。出苗水滴每亩 $35m^3$，重壤土、黏性土可酌情减少滴量。出苗水滴完后及时封洞，防止蒸发，3～5d 后依据气温状况及种子周围土壤湿度确定是否需补充滴水，此期间保持土壤手捏成团、落地不散即可，宁干勿湿。

（2）分蘖期。分蘖初期的 0～20cm 根层土壤水分控制下限标准为饱和含水量的 85%~90%。控制上限标准为饱和含水量；分蘖中期的 0~20cm 根层土壤水分控制下限标准为饱和含水量的 80%，控制上限标准为饱和含水量；分蘖末期的 0~20cm 根层土壤水分控制下限标准为饱和含水量的 70%~75%，控制上限标准为饱和含水量。

（3）拔节孕穗期。拔节孕穗前期的膜内根层土壤水分控制下限标准为饱和含水量的 90%，控制上限标准为饱和含水量。拔节孕穗后期的膜内根层土壤水分控制下限标准为饱和含水量的 95%，控制上限标准为饱和含水量。此期间需提高灌水频率，适当降低单次灌水量至每亩 15m³ 左右。

（4）抽穗扬花期。此期膜内根层土壤水分控制下限标准为饱和含水量的 90%，控制上限标准为饱和含水量。总灌水量控制在每亩 100~150m³。

6. 成熟期　前期膜内根层土壤水分控制下限标准为饱和含水量的 75%，控制上限标准为饱和含水量。后期膜内耕层土壤水分控制下限标准为饱和含水量的 60%。

总灌水量每亩 150~150m³。滴水频率前阶段 2~3d 一次，后期 3~5d 一次，成熟前 1 周左右停水。

膜下滴灌水稻栽培过程中在水分管理上应注意的几个问题：膜内耕层土壤水分为田间最大持水量的 70%~75% 时，最有利于水稻根系生长发育。控制灌溉表明早熟品种产量较高，晚熟品种相对较低，熟期越晚的品种，水分亏缺时生育期延迟越多。经研究证明，在水分胁迫时间长的情况下，水稻生育期的延长是在齐穗期前，也就是营养生长期与生殖生长并进期。在分蘖盛期与生殖细胞形成期，长期处于较低的土壤水势，则明显结实率降低。结实期间，对低土壤水势反应最敏感的时期为籽粒灌浆初期。

第四章
膜下滴灌水稻栽培施肥原理

一、膜下滴灌水稻生长对营养元素的要求

膜下滴灌水稻稻田的施肥技术，主要包括需要施用的元素的种类及施肥量的确定；总施肥量在各时期的分配，施肥时机和施肥方法等。其主要依据是水稻的需肥量及其动态、土壤供肥能力及其动态、肥料的利用率、气候条件和品种特性等。

膜下滴灌水稻进行正常的生长发育，需要如下营养元素：氮、磷、钾、钙、镁、硫、铁、锰、锌、硼、铜、钼、氯和硅等。其中，氮、磷、钾、钙、镁和硫等需要量大，其含量占干物重的 $0.01\% \sim 10\%$，称为常量元素；铁、锰、锌、硼、铜、钼和氯等元素的需要量比较少，称为微量元素。硅在水稻体内含量很高，约为氮的 10 倍、磷的 20 倍。成熟时茎叶的含硅量占干物重的 11% 左右，因此，水稻被称为"硅酸植物"的代表作物。水稻所必需营养元素，各自有其不同的特定生理功能，无论其在体内的含量多少，重要性是同等的，相互间是不可代替的，是缺一不可的。

（一）氮元素营养的生理功能

氮是水稻营养的三要素之一，是水稻最必需的营养元素。

氮对氨基酸、蛋白质、核酸、叶绿素、生物催化剂——酶的生物合成，对提高水稻的光合作用、增加同化物以及对水稻的生长发育和提高水稻的单位面积产量都是十分必要的，它在水稻生活中具有特殊的意义。

当水稻缺氮时，植株瘦小、分蘖少、叶片小、呈黄绿色，从叶尖沿中脉扩展到全部，下部叶片首先发黄、焦枯；根细而长，根量少。穗小而短，并提前成熟。据天业农业研究所的研究结果，氮对膜下滴灌水稻的产量贡献率为30%～35%。

（二）磷元素营养的生理功能

磷是构成水稻体的许多重要有机化合物的组成成分，同时又以多种方式参与水稻体内的生理过程，对促进水稻的生长发育和生理代谢，提高水稻抗性，促进早熟、高产和优质等均起到重要作用。根据天业农业研究所的研究成果，膜下滴灌水稻缺磷时，植株瘦小，生长缓慢；不分蘖或少分蘖；叶片直立、细窄、暗绿色。严重缺磷时，稻丛紧束，叶片丛向卷缩，有赤褐色斑点，生育期延迟，抗性降低。此外，磷对水稻产量的贡献率为15%～20%。

（三）钾元素营养及生理功能

钾影响膜下滴灌水稻碳水化合物的合成和运输，影响到核酸和蛋白质的合成，对光合与呼吸作用可产生较大的影响。研究结果表明，膜下滴灌水稻缺钾表现为苗期叶片绿中带蓝，老叶软弱下披，心叶挺直，中下部叶片尖端出现红褐色坏死组织，叶面有不定型的红色斑点；随后，老叶焦枯、早衰，稻丛披散；叶鞘比例失调，叶片短，叶鞘相对长；根系发育受损；谷粒缺乏光泽，不饱满；易倒伏，易感胡麻叶斑病或赤枯病。

钾为品质元素，对水稻的产量和品质都具有很大贡献，对产量的贡献为 10%～15%，对品质的贡献为 40%～45%。

(四) 膜下滴灌水稻营养需求

每生产 100kg 稻谷，一般需吸收纯氮 1.8～2.5kg，五氧化二磷 0.9～1.3kg，氧化钾 2.1～2.5kg，比例为 2∶1∶2。除三元素外，每生产 100kg 稻谷需硅酸 17.5～20kg，还需要锰、锌、硼和铜等微量元素。稻田适当补充锌、锰，可收到增产效果。随种植地区、品种基因型和土壤肥力等的差异，对氮、磷、钾的吸收量会发生一定变化。

氮、磷、钾三元素肥料，起决定因素的是氮肥。水稻对氮肥的需要早于磷肥和钾肥，氮肥的作用贯穿于水稻全生育过程，初期主要是促进分蘖，中期主要是保蘖成穗和促进穗粒分化，后期配合磷素促进结实，提高粒重。据研究，分蘖旺盛期氮素含量为 3.5%，幼穗分化期为 1.5%～3.5%，穗粒数随氮素含量而增多。水稻各生育期对各种养分的吸收并非均匀，以幼穗分化到抽穗期吸收量最多，占总量的 50%左右，这时磷、钾吸收量迅速增大。因此，生产应重视基肥和前期追肥，氮、磷、钾和其他中微量肥料配合施用。

(五) 水稻测土配方施肥

水稻配方施肥量必须根据目标产量所需养分量，水稻需肥规律、土壤供肥能力和肥料利用率等因素来确定。一般水稻目标产量 700kg 左右，需施尿素 30kg、三料磷肥 20kg、硫酸钾 5kg。

施肥方法上，新疆高纬度单季粳稻区水稻生育期较短，春季气温较低，土壤中速效养分少。因此，必须在早期施足肥料，促进分蘖早发，进入幼穗分化期气温较高，土壤中有机养分大量分解释放，可满足幼穗分化期水稻对养分的需要。在基础肥力较好的情况下，中后期不易缺肥。因此，一般采取重施基肥、早施重施追肥、中后期看苗追肥的施肥方法。

二、膜下滴灌水稻施肥对土壤条件的要求

（一）整地要求

膜下滴灌水稻播种要求地面平坦、底墒表墒都足、土块细碎，做到地平、墒足和无坷垃。有足够的土壤水分，既保证出苗，更保证苗期长时间土壤水分的供应。

（二）地膜覆盖特点

地膜覆盖可以避免风雨直接冲击造成的土壤板结，能较长时期保持整地时的疏松状态，土壤通透性得到改良，容重变小，孔隙度增加且均匀，有利于改善土壤水、气、热的供给条件，有利于微生物活动，加速有机质分解，可促进潜在养分转化为速效养分，提高养分利用率。同时，加强了氧化作用，减少了有毒物质的积累，改善了土壤环境，促进了根系发育，增强了根系活力。

地膜减少了风蚀、水蚀和雨水淋溶引起的养分流失。由于覆膜促进了土壤温度的升高，并对水分状况进行了有利调节，从而活化了钙离子，降低了土壤容重，促进了有机质的分解和矿化，减少了氮的挥发和流失，前期增加了土壤中氮的解吸，后期则提高了土壤对氮的固结能力。当孕穗复水后，还会提高氮的有效性。在客观上促进了水肥结合，实现了适时供水调氮的目的，收到了氮素缓释节肥的效果。水稻旱作栽培有效地抑

制了土壤中硝态氮的流失，土壤中氨和其他形态氮素的挥发也
受到阻碍，氮肥利用率可有一定的提高。另外，氯和硫酸根离
子在覆盖条件下也有所增加，应该注意防止土壤酸性的增加。

　　长期地膜覆盖增加了磷素消耗，降低了土壤中无机磷和有
机磷的含量，下降幅度最大的是 Al-P 和中等活性有机磷，而
Fe-P 和 Ca-P 含量有所提高，覆膜后土壤磷吸附量下降，而解
吸能也增强，加强了土壤对磷素的供应调节能力。旱作土壤磷
的有效性较差，植物易缺磷。据研究，旱作土壤的速效磷含量
低于水田，而且覆膜旱作土壤的速效磷含量低于裸地旱作土
壤，其原因可能是覆膜旱作稻较大的生物量对磷的吸收积累量
比裸地旱作稻大所致。

　　水稻旱作下土壤有机质和全氮呈下降趋势，其中覆膜旱作
处理土壤有机质和全氮的下降尤为明显，幅度可达 8％左右。
地膜覆盖有抑盐保苗的作用。盐碱地对农业生产的限制因素主
要是：盐分含量高，春季土壤温度回升缓慢，而且土地比较贫
瘠。土壤中可溶性盐随着水分而活动，地膜覆盖能够有效地抑
制土壤水分蒸发，水分运行减慢，盐分在土表积聚减少，又因
地表覆盖后，膜内的水分增多，使土壤盐浓度稀释，还有膜内
部水分向膜外移动时盐分也随着向外移动，从而较有效地降低
了土壤中盐分的浓度。地膜覆盖又能提高土壤温度，尤其保苗
效果更为突出，为盐碱地保苗增产提供了一条简便易行、行之
有效的新途径。

三、膜下滴灌水稻栽培追肥的原则

（一）滴灌水稻施肥量的计算

　　膜下滴灌水稻在肥料配比上，一般以氮肥为主，配合施用

磷肥、钾肥，其总施肥量的计算方法要根据计划产量所能吸收的肥量（计划产量需肥量）及土壤有机肥供肥量、化肥中有效成分含量、肥料利用率来计算，一般可采用以下公式进行计算：

化肥施用量＝（计划产量的养分吸收量－土壤供肥量－有机肥供肥量）/ ［肥料含养分百分率（%）× 肥料利用率（%）］

式中，计划产量的养分吸收量＝每亩计划产量（kg）× 1kg 稻谷需要的营养元素量；土壤供应肥量＝不施肥区产量的养分吸收量；有机肥供肥量＝每亩施用量（kg）× 含氮量（%）× 利用率（%）；土壤供肥量（kg）＝土壤化验值（mg/kg）×0.15×校正系数。

校正系数是作物实际吸收养分量占土壤养分测试值的比值，可通过田间试验获得，如没有试验资料，一般可将校正系数设为1。如经分析化验某块土壤速效氮为45mg/kg，则土壤供氮量＝45×0.15×1＝6.75（kg）。

（二）膜下滴灌水稻追肥的原则

1. 氮吸收规律 水稻对氮营养十分敏感，是决定水稻产量最重要的因素。水稻一生中在体内具有较高的氮浓度，这是高产水稻所需要的营养生理特性。水稻对氮的吸收有两个明显的高峰，一是水稻分蘖期；二是水稻孕穗期，此时如果氮供应不足，常会引起颖花退化，而不利于高产。

2. 磷的吸收规律 水稻对磷的吸收量远比氮肥低，平均约为氮量的一半，但是在生育后期仍需要较多吸收。水稻各生育期均需磷，其吸收规律与氮营养的吸收相似。以苗期和分蘖期吸收最多，此时在水稻体内积累的量占全生育期总磷量的

54%左右。分蘖盛期每 1g 干物质含磷（P_2O_5）约为 2.4mg，此时磷营养不足，对水稻分蘖数及地上与地下部分干物质的积累均有影响。水稻苗期吸入的磷，在生育过程可反复多次从衰老器官向新生器官转移，至水稻结实期，60%～80%磷转移到籽粒中，而出穗后吸收的磷多数残留于根部。

3. 钾的吸收规律　钾吸收量高于氮，表明水稻需要较多钾，但在水稻抽穗开花前其对钾的吸收已基本完成。幼苗对钾的吸收量不高，植株体内钾含量在 0.5%～1.5%时不影响正常分蘖。钾的吸收高峰是在分蘖盛期到拔节期，此时茎、叶中钾的含量保持在 2%以上。孕穗期茎、叶含钾量不足 1.2%，颖花数会显著减少。抽穗期至收获期茎、叶中的钾并不像氮、磷那样向籽粒集中，其含量维持在 1.2%～2%。

（三）膜下滴灌水稻施肥时期

膜下滴灌水稻施肥主要包括分蘖肥、穗肥和粒肥。提倡结合整地，增施有机肥，进行秸秆还田或种植绿肥；控制氮肥总量，将氮肥重心后移，适当降低基肥和分蘖肥的氮肥比例，以减少前期无效分蘖和防止后期脱肥；适当增施钾肥，提倡基肥、追肥分施；倡导"以水带氮"施肥技术，以提高肥、水利用效率。

1. 分蘖肥　膜下滴灌水稻三叶期后及时早施用分蘖肥，可促进低位分蘖的发生，增穗作用明显。分蘖肥分两次施用，一次在水稻三叶期后，用量占氮肥的 10%左右，目的在于补充膜下滴灌水稻正常营养生长所需的养分和促使膜下滴灌水稻分蘖；另一次在膜下滴灌水稻分蘖盛期，用量在 15%左右。目的在于保证全田生长整齐，并起到促分蘖成穗的作用。

2. 穗肥　穗分化期是决定每穗颖花数与颖壳容积的时期，

对结实率及千粒重也有较大影响。此期施肥的目标是：①形成足够的库容，即在已有穗数的基础上，使每穗颖花数与颖壳容积达到预期要求；②形成理想株型与强健的根系，使抽穗时群体叶面积指数适宜，受光态势良好，为抽穗后灌浆物质的生产奠定基础；③增加抽穗前光合产物储藏量。

3. 粒肥　粒肥的主要作用是可以保持叶片适宜的氮元素水平和较高的光合速率，防止根、叶早衰，使籽粒充实饱满。如果植株没有明显的缺肥现象，盲目施用粒肥，会造成氮浓度过高，增加碳水化合物的消耗，导致贪青晚熟、空秕粒增加、千粒重降低，而且容易发生病虫害。对叶色黄、植株含氮量偏低（1.2％以下）和土壤肥力后劲不足的稻田，应酌情施用粒肥。

四、膜下滴灌水稻施肥常用 化肥和微肥的种类

膜下滴灌水稻进行正常的生长发育，需要如下营养元素：氮、磷、钾、钙、镁、硫、铁、锰、锌、硼、铜、钼、氯和硅等。

（一）大量元素肥料

1. 氮肥　氮是植物营养中最重要的不可缺少的营养元素。因为它是许多必需的有机物质的组成成分。氮是叶绿素的重要组分，叶绿体是植物进行光合作用的重要场所，因此氮通过影响叶绿素的含量而影响水稻的光合物质生长。在氮、磷、钾三元素中，土壤氮的供应量与水稻的需求量相差最大。因此，氮对水稻的产量影响最大。

2. 磷肥　磷是水稻生长发育不可缺少的重要元素，对促进

水稻的生长发育和生理代谢，提高水稻抗性，促进早熟、高产和优质等均起到重要作用。磷能促进碳水化合物在水稻体内的运转；磷是含氮化合物代谢过程中酶的组成成分，故磷能促进氮代谢；磷能调节和维持新陈代谢过程，使植物适应各种不良的环境，在提高水稻抗寒、抗旱和抗病能力上有重要的作用。

3. 钾肥　钾是植物营养的三要素之一，它影响碳水化合物的合成和运输；影响到核酸和蛋白质的合成；对光合与呼吸作用可产生较大的影响；还能大幅度提升水稻籽粒品质。

（二）中量元素肥料

1. 钙肥　它是植物细胞壁的重要组成成分；一些重要的酶需钙来活化，如淀粉酶、ATP酶等。施用钙肥除补充钙养分外，还可借助含钙物质调节土壤酸度和改善土壤物理性状。常把主要起调理作用的含钙物质如石灰、白云石粉等，称作土壤调理剂或改良剂。

2. 镁肥　镁是水稻叶绿素的组成成分，缺镁因不能合成叶绿素或叶片中叶绿素含量少而影响光合物质生产；镁也是多种酶的活化剂，因而影响到水稻的新陈代谢过程。因此，镁是水稻不可缺少的矿质元素，其丰缺程度对水稻的生长发育产生重要的影响。

3. 硅肥　水稻吸收硅，可使表皮细胞硅质化，增强抗病、抗倒能力；叶片表皮细胞的角质层和硅酸层发达，能明显地减少蒸腾强度，防止水分的过分消耗；水稻充分吸收硅，可使叶片开张角度变小，叶片直立，受光好，有利于光能利用和物质生产。有人认为，硅肥是继氮肥、磷肥、钾肥之后的第四大元素肥料，足以说明硅肥的重要性。目前，最常用的硅肥是硅酸钙，溶解性较差，应施匀、早施和深施。硅酸钾、硅酸钠等高效硅肥水溶性较好。

（三）微量元素肥料

1. 微量元素肥料品种的划分　微量元素肥料的品种很多，最常用的分类方法是按肥料中所含微量元素的种类进行划分，可分为铁肥、硼肥、锰肥、铜肥、锌肥和铝肥。硼和钼以阴离子形态存在，如硼酸盐和钼酸盐等。其他的微量元素则以阳离子形态存在，最常用的是硫酸盐，如硫酸亚铁、硫酸锰和硫酸锌等。其他还有氯化物形式的，如三氯化铁、氯化锰和氯化锌。

2. 微量元素肥料的性质　现将各种常用的微量元素肥料品种的成分、含量、性质和施用方法列出，见表 4-1。

表 4-1　常用的微量元素肥料品种的成分、含量、性质和施用方法

肥料名称	主要成分	含量（%）	主要性质	施用量（g）
硫酸亚铁	$FeSO_4 \cdot 7H_2O$	19～20	淡绿色晶体，易溶于水	100～200
硼酸	H_3BO_3	17.5	白色晶体或粉末，易溶于水	50～200
硫酸锰	$MnSO_4 \cdot 3H_2O$	26～28	粉红色晶体，易溶于水	50～100
七钼酸铵	$(NH_4)_6Mo_7O_{24}$	50～54	青白或黄白色晶体，易溶于水	10～50
硫酸锌	$ZnSO_4 \cdot 4H_2O$	23～24	白色或浅橘红色晶体，易溶于水	50～200

3. 微量元素肥料的一般施用技术　施用微量元素肥料的方法很多，根据不同的条件和目的，可做基肥、追肥。使用时可直接施入土壤，也可喷施于叶面。

土壤施肥时，为节约肥料和提高肥效常采用撒施，一般可 3～4 年施用 1 次。且许多微量元素从缺乏到过量间的浓度范围较小，因此，施入土壤的微量元素肥料必须均匀，可把微量

元素肥料混拌在其他肥料中一起施用。

叶面喷施是经济、有效施用微肥的方法。其用量只相当于土壤施肥用量的$1/10 \sim 1/5$，一般用量为 $10 \sim 100g/$亩，具体用量应视作物种类、植株大小等而定。一般宜在无风的下午到黄昏前喷施，可防止肥料溶液很快变干。有时还可用"湿润剂"降低溶液的表面张力，增大溶液与叶片的接触面积，以提高喷施效果。

五、膜下滴灌水稻生物有机肥的作用

随着化学工业的发展，水稻生产习惯于使用化学肥料，但化肥对水稻产量的作用并不表现为正相关关系。在水稻生产上，长期单一使用氮化肥不仅影响了水稻的平衡生长，而且破坏了稻田的土壤团粒结构，并导致稻米品质下降。另外，化肥的不合理施用不利于作物生长，容易导致作物产量逐年下降，并造成土壤酸化、次生盐渍化、养分不平衡、土壤结构破坏以及环境污染等问题。因此，人们开始开发生物有机肥源，以减少无机肥料投入。

生物有机肥是多种有益微生物菌群与有机肥结合形成的新型、高效、安全的微生物-有机复合肥料。它综合了有机肥和复合微生物肥料的优点，能够有效地提高肥料利用率，调节植株代谢，增强根系活力和养分吸收能力。因此，合理施用生物有机肥料不仅是膜下滴灌水稻优质高产和提高土壤肥力的重要措施之一，也是保护生态环境、促进农业可持续发展的必然趋势。

（一）生物有机肥对膜下滴灌水稻土壤的影响

1. 提高土壤肥力，改善土壤理化性质 土壤有机质是土壤肥力的基础，直接影响着土壤的保肥性、保水性、缓冲性和通气状况等。土壤施入生物有机肥后可以大量增加土壤有机质含量，有机质经微生物分解后形成腐殖酸，其主要成分是胡敏酸。它可以使松散的土壤单粒胶结成土壤团聚体，使土壤容重变小，孔隙度增大，易于截留吸附渗入土壤中的水分和释放出的营养元素离子，使有效养分元素不易被固定。另外，由于生物有机肥中含有大量微生物活体，施入土壤后，使得土壤中微生物呈土壤酶活性显著增加，促进土壤难溶性矿物质养分的释放，同时有些微生物能分泌植物激素，从而促进作物生长，有些真菌还能分解土壤中的有机物质，释放出糖类，促进固氮菌的生长，进一步提高了土壤养分有效性，从而有益微生物增加。

生物有机肥具有肥效缓释作用，有利于膜下滴灌水稻土壤养分的可持续利用。在堆肥过程中，微生物的繁殖吸收了化肥的无机氮和磷，转化为菌体蛋白、氨基酸和核酸等成分。

（1）有效改善膜下滴灌水稻土壤 pH。土壤 pH 是土壤的重要化学性质。对土壤微生物的活性、矿物质和有机质的分解起着重要作用，并影响土壤养分元素的释放、固定和迁移。不同施肥处理下土壤 pH 的变化见表 4-2。

表 4-2　不同施肥处理下土壤 pH 变化

处理	施肥量	土壤 pH	
		0～20cm 土层	0～40cm 土层
1	未施肥	7.99	7.44
2	生物有机肥 0.5t/亩	7.97	7.40
3	生物有机肥 1t/亩	7.93	7.38
4	常规施肥	8.02	7.52

注：常规施肥是指每年每亩施氮肥 50kg、磷肥 15kg。

（2）降低土壤容重，改善土壤孔隙度，增加土壤团粒结构。土壤物理环境首先影响作物的水分和空气状况，但也直接影响养分的供应和保存。土壤容重是用来表示单位原状土壤固体的重量，是衡量土壤松紧状况的指标。

一方面，生物有机肥是团粒结构的胶结剂，能够改善土壤孔隙状况，促进团粒结构形成，降低土壤容重；另一方面，生物有机堆肥中的大量有益菌能够产生大量的多糖物质，这些多糖物质大都属于黏胶成分与植物黏液、矿物胶体和有机胶体结合在一起，可以改善土壤团粒结构，增强土壤的物理性能。总之，常年施加生物有机肥有利于降低膜下滴灌水稻土壤的容重，增加其土壤的总孔隙度（表4-3）。

表4-3 不同施肥处理下膜下滴灌水稻土壤容重和总孔隙度变化

处理	土壤容重（g/m³)		土壤总孔隙度（%)	
	0～20cm 土层	0～40cm 土层	0～20cm 土层	0～40cm 土层
1	1.377	1.471	48.06	44.49
2	1.414	1.436	48.93	46.54
3	1.353	1.417	49.73	45.81
4	1.459	1.458	44.95	44.97

注：表4-3处理与表4-2中相同。

（3）提高土壤阳离子交换量。土壤中阳离子交换是土壤重要的化学性质之一，阳离子交换量不仅与土壤的保肥供肥能力、土壤的理化性状有密切的关系，也是衡量土壤肥力的一个重要指标。有机质是土壤产生交换吸附的主要物质基础，是最有效的阳离子交换体，对于一种确定的土壤来说，有机质的变化是影响土壤阳离子交换量的重要因素。生物有机肥中含有大量有益微生物，它们的分解和繁殖，对土壤腐殖质的增加起着促进作用，从而使土壤阳离子代换量增大（表4-4）。

表 4-4   不同施肥处理下膜下滴灌水稻土壤阳离子交换量变化

处理	土壤阳离子交换量（cmol/kg）	
	0～20cm 土层	0～40cm 土层
1	12.564	11.052
2	14.603	12.512
3	15.382	12.996
4	13.012	11.086

注：表 4-4 处理与表 4-2 中相同。

（4）有效降低膜下滴灌水稻土壤盐分含量。土壤盐分也是影响作物生长的重要因素之一。膜下滴灌是一种既能高效节水，又能适时调控土壤水分运移的灌水方式。但膜下滴灌技术长期在干旱区应用有可能造成盐分不断在土壤中积累从而危害水稻的生长。生物有机肥一方面可以改善土壤水流动系统浅部介质的渗透性和储水性，另一方面能改善土壤容重和孔隙度，这种措施有利于水分保持及雨季盐分下移，土壤毛管变粗，可抑制土面蒸发，使更多土壤水分向根系汇流，从而降低根层积盐（表 4-5），同时增加降水和灌溉的淋洗。

表 4-5   不同施肥处理下膜下滴灌水稻土壤全盐含量变化

处理	土层深度（cm）	离子组成（毫克当量百分比，%）						全盐量	
		HCO_3^-	Cl^-	Ca^{2+}	Mg^{2+}	SO_4^{2-}	K^++Na^+	毫克当量百分比（%）	（%）
1	0～20	0.37	0.25	0.60	0.46	0.64	0.21	1.27	0.08
	20～40	0.26	0.53	4.12	1.84	5.88	0.41	6.67	0.44
2	0～20	0.34	0.33	0.54	0.30	0.20	0.03	0.87	0.06
	20～40	0.25	0.37	1.56	1.28	2.58	0.36	3.20	0.21
3	0～20	0.39	0.12	0.24	0.06	0.06	0.03	0.57	0.04
	20～40	0.33	0.45	1.22	1.20	2.04	0.40	2.82	0.18
4	0～20	0.30	0.53	0.60	0.40	0.36	0.19	1.19	0.08
	20～40	0.25	0.49	3.80	1.78	5.52	0.68	6.26	0.41

注：表 4-5 处理与表 4-2 中相同。

（5）显著增加土壤有机质含量。有机质是土壤的重要组成部分。土壤有机质在土壤肥力上的作用很大，它不仅含有各种营养元素，而且还是土壤微生物生命活动的能源。此外，它在土壤物理性质上，对土壤水、气、热等各种肥力因素起着重要的调节作用，对土壤结构、耕性也有重要的影响。

通过历年试验表明，常年施加生物有机肥可以显著增加土壤有机质含量，并随着年份的递增而增加，同时施肥量越大，有机质含量越高（表 4-6）。

表 4-6　0～20cm 膜下滴灌水稻历年不同施肥量的土壤有机质含量（％）

年份	处理			
	1	2	3	4
2010	2.144	2.462	2.763	2.168
2011	2.180	2.592	2.858	2.065
2012	1.932	2.727	2.932	2.162
平均	2.085	2.594	2.851	2.132

注：表 4-6 处理与表 4-2 中相同。

（6）有效增加土壤有效养分含量。在植物生长发育必需的 16 种营养元素中，除了碳、氢、氧 3 种元素来自空气和水外，其余 13 种元素都来自土壤。土壤养分是可以反复循环再利用的。

生物肥料能提高各种营养成分的有效性，促进作物吸收。当土壤施入生物有机肥后，不仅增加了土壤中的有机质含量，而且肥料中所含有的固氮菌、解磷菌和解钾菌等大量微生物进入土壤后，有助于分解和释放有效养分（表 4-7），供作物利用。微生物的生命活动还促进施入土壤的有机质的矿化，把有机养分转化成作物能吸收利用的营养元素。

表 4-7　膜下滴灌水稻全生育期不同施肥处理土壤速效养分平均含量（mg/kg）

处理	碱解氮		速效钾		速效磷	
	0～20cm	20～40cm	0～20cm	20～40cm	0～20cm	20～40cm
1	189.9	165.3	210.0	189.6	32.13	18.56
2	190.2	172.6	215.0	196.8	48.21	26.51
3	224.9	180.6	220.1	198.3	67.34	30.14
4	199.4	178.4	210.4	198.5	37.43	20.07

注：表 4-7 处理与表 4-2 中相同。

2. 增加土壤储水量，提高膜下滴灌水稻水分利用率　生物有机肥料对土壤持水性能的影响有两方面的作用：①生物有机肥料本身的持水能力比土壤矿物质强；②生物有机肥料的分解产物对土壤颗粒的团聚作用及其分解残渣对土体的疏松作用，使土壤结构发生改变，土壤孔隙结构得到改善，导致水的入渗速率加快，从而可以减少水土流失。腐殖质具有巨大的比表面积和亲水集团，吸水量是黏土矿物的 5 倍，能改善土壤有效持水量，使得更多的水能为作物所利用。同时，由于其肥料中富含有机质为有益微生物的生长繁殖提供了丰富的营养和能量，微生物的大量繁殖特别是真菌的大量繁殖促使土壤颗粒形成更大的团聚体，同时菌丝的断裂片段又可参与稳定微团聚体的形成，真菌产生的多糖体也具有增加矿物强度和保持水分的能力。有机质和微生物的共同作用，使其具有良好的保水能力。

3. 提高土壤温度，促进膜下滴灌水稻生长发育　在一定温度范围内，土壤温度越高，植物的生长越快。一年内某一段时期低温或高温的出现，往往对农作物收成的丰歉起着决定性的影响。

　　膜下滴灌水稻采用井水高频灌溉，会造成土壤温度过低，可能会造成水稻种子萌发、幼苗生长和开花结实中止，同时影响水稻对养分的吸收、运转和积累。生物有机肥颜色深，容易吸热、增温，加之有机肥料在分解过程中也会释放出一定热量。因此，施用有机肥有利于提高土壤温度。同时，生物有机肥料热容量较大，保温性能好，不易受外界冷热变化的影响，冬天防冻，夏天防暑，这有利于水稻种子的萌发和根系的生长。

　　4. 调控土壤微生物群落结构，提高土壤更新及恢复能力　土壤生态系统健康是农业生态系统健康可持续发展的基础，一旦土壤缺乏有机物质或有益微生物种群遭到破坏或丧失，势必造成土壤微生物生态系统的破坏，导致土传病害泛滥。

　　天业农业研究所对滴灌水稻的研究结果表明：①生物有机肥的施用可显著改善土壤微生物群落结构（表4-8），使土壤微生物对碳水化合物的利用能力提高，可为土壤微生物供给更多的可利用底物，改善土壤微生物群落功能。且施用生物有机肥具有明显的促进土壤微生物活性长效性的作用，有利于土壤有效养分的转化。②施用生物有机肥具有明显提高土壤微生物群落功能的作用，对增强土壤利用碳源能力有显著影响。③施用生物有机肥后土壤微生物营养得以改善，代谢能力提高，进而竞争力增强。多样性高的土壤对病原菌具有较强的抑制作用，施用生物有机肥可提高土壤微生物活性，改善微生物结构和功能，从而实现土壤微生物生态平衡，抑制作物病害，是一条有效的生态调控防病途径。

表 4-8　膜下滴灌水稻不同施肥条件下土壤生物数量变化

试验次序	处理	细菌 (×10⁷CFU/g土)				真菌 (×10⁵CFU/g土)				放线菌 (×10⁵CFU/g土)			
		0d	15d	30d	45d	0d	15d	30d	45d	0d	15d	30d	45d
第1次	1	4.0	6.5	5.1	3.1	2.4	2.3	2.3	2.0	3.2	3.5	2.0	2.9
	2	6.4	7.6	7.9	5.2	3.9	4.2	5.1	3.6	5.0	5.1	4.6	4.1
	3	6.8	8.8	9.6	6.9	5.7	4.1	5.6	4.3	5.2	5.6	5.5	4.9
	4	4.1	7.8	6.8	3.6	3.0	4.3	4.6	2.3	3.6	4.9	3.9	3.0

试验次序	处理	细菌 (×10⁷CFU/g土)			真菌 (×10⁵CFU/g土)			放线菌 (×10⁵CFU/g土)		
		0d	22d	45d	0d	22d	45d	0d	22d	45d
第2次	1	4.1	4.2	4.2	3.3	3.4	2.8	3.1	3.0	3.1
	2	5.6	6.8	5.1	4.1	6.0	3.5	4.5	6.0	4.3
	3	6.9	8.9	7.3	4.9	8.7	4.9	5.4	8.0	5.1
	4	4.0	5.8	4.9	3.9	4.2	3.3	3.2	4.5	3.0

注：表4-8处理与表4-2中相同。

（二）生物有机肥对水稻产量和品质影响

施用生物有机肥促进了水稻分蘖的发生，有助于增加有效分蘖数，提高了成穗率。此外，由于生物有机肥中富含腐殖酸，它能有效地提高水稻体内的多酚氧化酶和过氧化氢酶的活性，从而增强了水稻地上部分的光合作用，加速了养分的运转，合成更多的有机物，增加干物质积累量、提高结实率和千粒重，从而提高膜下滴灌水稻的产量（表4-9）。

表4-9　不同生物有机肥用量条件下对膜下
滴灌水稻生物学性状及产量情况

处理	品种	生物肥用量 （kg/亩）	分蘖数 （个）	总干物质 积累量 （kg/亩）	结实率 （%）	千粒重 （g）	产量 （kg/亩）
1	T-43	0	1.9	773.6	80.3	26.1	293.4
2	T-43	50	2.0	783.6	81.2	26.5	300.8
3	T-43	100	2.2	806.1	80.7	27.4	335.2
4	T-43	150	2.3	859.4	83.3	28.5	420.1
5	T-43	200	2.3	818.2	81.7	28.0	397.6

注：本试验肥料采用自制滴灌生物有机肥，且全生育期不施加其他任何肥料。

另外，施用生物有机肥除了能明显改善水稻的生物性状，还可以提高水稻的糙米率、精米率、完整米率、蛋白质含量和胶稠度，降低垩白度和直链淀粉的含量（表4-10），从而提高商品品质和经济效益。

表4-10　不同生物有机肥用量条件下对膜下滴灌水稻品质情况

处理	糙米率 （%）	整精米率 （%）	精米率 （%）	垩白度 （%）	蛋白质 （%）	胶稠度 （mm）	直链淀粉 （%）
1	80.6	61.2	71.8	2.2	7.7	64	18.1
2	80.8	64.6	72.3	1.3	8.1	64	17.8

（续）

处理	糙米率（%）	整精米率（%）	精米率（%）	垩白度（%）	蛋白质（%）	胶稠度（mm）	直链淀粉（%）
3	81.0	64.3	73.0	1.1	7.9	70	17.0
4	82.4	67.9	73.1	0.9	8.3	65	17.2
5	81.8	64.9	73.0	0.6	7.8	66	17.4

注：处理同表 4-9。

（三）生物有机肥对膜下滴灌水稻抗逆性影响

生物有机肥料能防止水稻植株衰老，它的抗衰老物质含量很高，附着在植物根系表面的有益菌，通过生物膜的相互融合或寄生，使其抗衰老物质进入植物体内，增强了植株活力，减少衰老，进而间接地促进了植物生长，提高产量。

1. 抗旱性和抗寒性 生物有机肥提高水稻的抗寒能力表现在两个方面：一是生物有机肥的吸热保温作用，提高了土壤温度；二是生物有机肥中含有某些刺激性物质，如黄腐酸等能提高作物的抗寒抗冻能力。

2. 抗病抗倒伏 生物有机肥中许多微生物在新陈代谢过程中可产生卵磷脂酶和几丁质分解酶，可以强化抗病作用。有些微生物可通过产生抗生素来抑制植物病害，尤其是放线菌类微生物制剂。

生物有机肥养分全面，施用生物有机肥能增加土壤钙、钾等元素的供给能力，从而提高作物的抗病、抗倒伏能力。

3. 耐铝性 我国南方气候湿热，酸性、强酸性土壤分布较广，土壤中存在的大量铝降低了磷的有效性，危害水稻的根部生长，抑制植物对钙、镁的吸收，是某些植物生长不良的一个重要原因。防止铝毒的措施：一是施石灰，提高土壤 pH，二是施用生物有机肥料。生物有机肥料与土壤作用降解后，能产生多种有机酸和有机活性物质，并与土壤中的活性铝形成稳定的络合物，一方面减轻了铝的毒害，另一方面活化了土壤中的磷。

4. 耐盐碱 我国北方地区大多为 pH 高于 8 的盐碱土地，水稻在苗期受盐碱危害很大。生物有机肥使用能有效降低土壤 pH，防止过量盐碱对秧苗伤害。

第五章
膜下滴灌水稻栽培田间模式及灌水系统布置

一、膜下滴灌水稻滴灌系统组成

滴灌是世界上采用率很高的一种节水灌溉技术，也是先进的一种节水灌溉技术。滴灌技术针对性较强，直接把水滴到植物的根系，把有限的水分利用起来，发挥最大效率，实现增产增收的目的。同时，滴灌设备是"水＋营养"的完美结合，还能降低生产成本，可以把植物整个生长期所需的养分直接使用到根系，达到事半功倍的效果。

（一）滴灌的系统组成与作用

滴灌系统主要由水源工程、首部、输水管网和毛管等组成。可根据不同的使用要求、地势和面积等，设计和推荐相应的滴灌系统设备类型。滴灌系统从水源工程中取水，通过首部加压，或注入肥料（或农药等），经过滤后按时、按量输送到输水管网中去，最后进入毛管（灌水器）滴到作物根部（图5-1）。

灌系统各部分作用简单介绍如下：

1. 水源工程 由水源、水泵、压力罐或水塔等组成。水

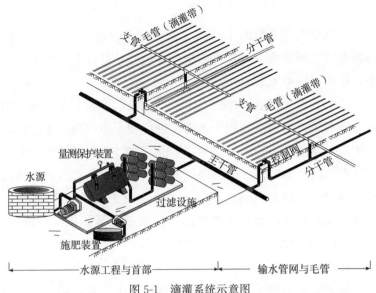

图 5-1　滴灌系统示意图

源类型可以是地下水（井水），也可以是地表水（河水、湖水和塘坝水等），水质必须符合滴灌水质的要求。

膜下滴灌水稻需要一个增温池，它替代了原有的其他大田作物滴灌系统的沉淀池的作用。同时，通过多日的太阳照射和蓄水，使它具有增温作用。它既能排除灌溉水中泥沙等杂质以满足滴灌水质要求，又能提高膜下滴灌水稻灌溉水温，对膜下滴灌水稻早期生长发育起到促进根系快速发展、培育壮苗、增强抗逆性作用。

2. 首部　滴灌系统的首部主要包括动力机、水泵、施肥（药）装置、过滤设施和安全保护及其测量控制设备，如压力调控阀门、压力表和流量计等组成，其作用是通过压力表、流量计等测量设备检测系统运行状况。

动力机可以是电动机、柴油机和太阳能提供动力带动水泵工作。

水泵是滴灌系统的主要增压设备，井灌通常采用潜水泵，地表水源采用离心泵，还可根据当地地势条件建立蓄水池或水塔，利用水位差实现自压滴灌。

过滤装置主要由沙石式、离心分离式或叠片式过滤器组成，沙石式过滤器主要用于河湖、塘坝和渠道等地面水的初级过滤，去除菌类、藻类等微生物和漂浮物。离心过滤器主要用于井水（或河水）泥沙的初级过滤，网式过滤器和叠片式过滤器是两种简单而有效的过滤设备，通常用于初级过滤器之后，也可在水质较好的地块单独使用。首部过滤器一般组合使用：沙石-网式或叠片式，离心-网式或叠片式。目前，现在多用自动反冲洗式过滤器。

施肥装置一般采用压差式施肥技术。主要是利用压力差使水进入施肥罐（事先装入化肥），水肥混合后流入灌溉管道。压差式施肥罐结构简单，操作容易。除了压差式施肥罐，注肥方式还有文丘里式、泵注式等。文丘里注肥器是利用供水管路上收缩管段负压把肥液吸入。应选用易溶于水并适于根施的肥料、农药、除草剂和化控药品，使其在施肥罐内充分溶解，防止堵塞灌水器，影响滴水效果。

流量和压力测量仪器用于测量管道中的流量及压力，一般有压力表、水表等；安全保护装置用来保证系统在规定压力范围内工作，消除管路中的气阻和真空等，一般有空气阀等；调节控制装置用于控制和调节滴灌系统的流量和压力，一般包括各种阀门，如闸阀、球阀和蝶阀等。面积较大的滴灌系统，一般推荐采用分区轮灌。采用手动控制时，每一轮灌区均应安装球阀、闸阀等阀门。若采用自动控制，每一轮灌区均应安装一个或几个电磁阀。电磁阀由灌溉控制器控制。控制器类型既有简易的，也有复杂的计算机控制系统。

3. 输水管网　主要由干管、支管和毛管以及各种连接管件、压力调节装置、进排气阀等组成。管道和管件一般选用PVC或PE材质，与管路配套的管件主要有正三通、异径三通、直通、弯头和堵头等塑料件。干管一般尽可能埋于冻土层以下，也可放置于地面；支管（辅管）置于地面或埋于地下。干管是输水系统，连接着每根支管，并向各支管分配水量；支管是控水系统，调节水压和控制水量，将毛管所要求的压力和流量供给毛管首端；毛管是直接向作物滴水的管道，它是滴灌系统末级管道，毛管与支管直接相连并设置在其一侧或两侧。

4. 毛管（灌水器）　灌水器（滴头）是整个滴灌系统中关键部件，直接影响到灌水质量的好坏。它是在一定的工作压力下，通过流道或孔口将毛管中的水流经过流道的消能及调解作用均匀、稳定地变成滴状或细流状滴入土壤作物根部的装置，满足作物对水、肥的需求。由于水稻生育期需水量多，灌水频繁，对灌水器的要求是出流量小、出水均匀、抗堵塞性能好、制造精度高、便于安装、坚固耐用和价格低廉等。毛管通常放在土壤表面或者浅埋固定，滴灌的灌水器一般采用单翼迷宫式滴灌带，若地势不平，也可以采用压力补偿式滴灌管。毛管铺设长短直接影响整个滴灌系统造价。膜下滴灌水稻在灌浆期采用高频灌溉模式，所以要选用小流量抗堵毛管。

（二）常用的水稻滴灌系统

常用的水稻滴灌系统是"支管＋毛管系统"，水稻滴灌系统和其他作物滴灌系统并没有太大的差异，主要是水源部分增加了增温池，滴头流量小，田间管带布置方式上有差异。新疆天业（集团）有限公司大田膜下滴灌水稻系统见图5-2。

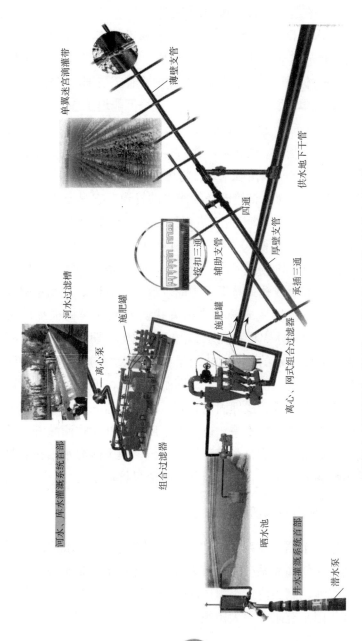

图5-2 新疆天业（集团）有限公司大田膜下滴灌水稻系统

（三）膜下水稻滴灌系统运行存在的主要问题及应对措施

一是滴灌带流量选择偏大，由于水稻生长期耗水量大，膜下滴灌水稻系统滴水次数多，应选择比其他作物的滴头流量小的滴灌带。

二是水质差、滴肥后未冲洗毛管等原因造成堵塞现象。应选择适应滴灌系统的过滤装置，在滴水结束前 30min 停止滴肥。

三是未能按照轮灌制度灌水，易造成爆管或压力不够、灌水不均匀，影响水稻生长。膜下滴灌水稻系统运行时，严格按照滴灌系统建设初期设计的轮灌制度灌水，田间阀门开启顺序要符合要求，设备运行管理要规范。

滴灌系统运行时除了要特别注意初次试压外，还应该注意以下问题：

1. 水泵的维护　水泵的压力罐自身有一定泥沙沉积作用，要定期打开底部的排污阀排除泥沙。另外，水泵要 2～3 年检修保养 1 次。

2. 过滤器使用维护　沙石式过滤器须定期清洗，方法是通过反转水流方向将污物沿排污阀冲出。清洗控制可由人工或自动系统完成，过滤用的沙石介质也要定期更换。离心分离式清洗过程如下：打开沉沙罐一侧的排污口阀门，污水从排污口排出。当泥沙沉积多时，关闭入水阀门，打开沉沙罐另一侧的排沙口进行彻底清洗。网式过滤器在运行时也要经常冲洗，要求定期打开网式过滤器手工清洗。方法是拆开外盖，取出滤芯，用刷子小心刷除掉滤网上的污物，并用清水冲洗干净。如发现滤网、密封圈损坏，必须及时修补或更换，否则将会使整个系统严重堵塞，后果不堪设想。灌溉季节结束时，要对过滤器彻底检修、维护。叠片式过滤器使用维护与网式过滤器相似。

3. 施肥罐使用维护 以 10L 压差式施肥罐为例，操作过程是首先把稀释好的化肥溶液装入施肥罐内，关紧罐盖。将施肥罐上两根软管上的快速接头与施肥阀连接好。装配时注意，装有机玻璃管的一端为出水口，切勿装反。转动开关后，关小施肥阀，使输水管路两边形成一定的压力差（根据施肥速度要求调整阀门）。在压力作用下，罐内的肥料通过输肥管进入阀后面的输水管道进行施肥。施肥罐工作时，有机玻璃管中的小浮球应处于中间位置。若不居中，应调整施肥阀或有机玻璃管底部螺帽。每罐施肥时间为 30～60min，当施肥罐内肥料溶液浓度接近零时，即需重新添加肥料。滴完肥料后，用清水把施肥罐冲洗干净以备下次使用。每次施肥后，应用清水滴一定时间，以免肥液残留在滴灌管内，以免腐蚀罐体。滤网、密封圈损坏的应及时修补或更换。定期打开压力罐底部的排污阀，排除泥沙。为节省投资，施肥罐可在几个小地片轮流使用。滴灌施肥应按生育期确定施肥种类、施肥量以及每次的肥料配比。

4. 管网安装与维护 PVC 管道安装方式主要有黏合剂黏接承插法和密封橡胶圈承插法。PE 管道安装采取管口加热承插固定法。干管、支管均要铺设在冻土层下，末端设排水口。注意管道安装时要避免泥土沙石落入管道，管道各接口处在回填土前一定要垫平。安装结束后，应对管道进行一次彻底冲洗。为了避免管道内沉积物积聚，每个灌溉周期都要冲洗 1～2 次。

5. 管道运行维护 系统初次运行时，应打开所有管道进行冲洗，以免施工安装时带入泥土、沙粒和钻孔留下的塑料碎片等污物堵塞滴头；发现管道漏水时，应查找原因，更换管道、三通等处损坏的密封胶带、密封圈，更换或修补破损的输水管。

6. 滴头堵塞的清理　对于管内碳酸盐沉淀引起的局部堵塞，可用酸液冲洗法，即在水中加入 0.5% 或是 2.0% 的盐酸（其浓度为 36%），用水头压入滴灌系统中停留 10min，即可清除。对于有机物引起的堵塞，可用压力疏通法，即用 707kPa 的高压空气或水冲洗滴灌系统。注意压力不可过大，以防压裂管道和滴头。对于可拆卸式的滴头堵塞，应予拆卸清理。

二、膜下滴灌水稻田间管带模式配置

（一）膜下滴灌水稻栽培模式探索

新疆天业（集团）有限公司膜下滴灌水稻课题组对膜下滴灌栽培模式下不同密度及株行距配置对水稻产量影响进行了系统研究和探索。

试验采用三因素裂区试验设计，因素一的二、三水平分别与因素二、三各水平组合，因素一的一水平与除因素二的三水平外的其他各水平组合，设三重复，共 16 个处理。

具体因素见表 5-1。

表 5-1　各因素水平

因素		水平	
序号	内容	数值	代号
一	膜宽（m）	1.1	A_1
		1.6	A_2
		2.2	A_3
二	每亩穴数（万穴）	2.8	B_1
		3.3	B_2
		3.6	B_3
三	单穴下种数（粒）	6～8	C_1
		8～12	C_2

经组合产生 16 个处理，见表 5-2。

表 5-2　各处理组合表

处理	组合	处理	组合
1	$A_1B_1C_1$	9	$A_2B_3C_1$
2	$A_1B_1C_2$	10	$A_2B_3C_2$
3	$A_1B_2C_1$	11	$A_3B_1C_1$
4	$A_1B_2C_2$	12	$A_3B_1C_2$
5	$A_2B_1C_1$	13	$A_3B_2C_1$
6	$A_2B_1C_2$	14	$A_3B_2C_2$
7	$A_2B_2C_1$	15	$A_3B_3C_1$
8	$A_2B_2C_2$	16	$A_3B_3C_2$

结果表明，窄膜不利于提高保苗株数但利于加速分蘖进程。1.6m 与 2.2m 地膜栽培中，在密度小于 3.6 万穴/亩前提下，单穴粒数大于 8 粒有利于提高保苗率。1.1m 与 1.6m 栽培模式下，二者千粒重无显著差异，2.2m 地膜栽培千粒重明显高于二者。无论哪种栽培模式，单穴下种粒数 6～8 粒各项指标显著高于 8～12 粒，可明确得出膜下滴灌水稻栽培中，单穴下种粒超过 8 粒将严重影响发育进程及长势（表 5-3）。在地膜宽度一定的前提下，随着播种密度计及下种量的增加，产量关键指标呈递减趋势。地膜宽度的增加，利于株高、单穗实粒数和理论产量等指标的提高。

在目前田间管理条件下，处理 2（膜宽 1.1m，播种密度 2.8 万穴/亩，单穴下种粒数 8 粒）、处理 5（膜宽 1.6m，播种密度 2.8 万穴/亩，单穴下种粒数 6～8 粒）、处理 13（膜宽

表5-3 2013模式试验考种结果

项目	处理															
	1	2	3	4	5	6	7	8	9	10	11	12	13	14	15	16
株高(cm)	95	100	96.3	92.2	97	95	93	89	104	101.7	109	107	107.2	106.7	109	102
穗长(cm)	20.5	18.3	17.7	18.9	19	20.7	17.8	17	20.4	20	19	19.9	18.3	18.3	16.6	20.1
单株有效穗数(穗)	16	11.4	9	7.2	13.1	12.3	9.3	7.6	6.7	8	10	8.6	9.2	8.6	7.2	7.2
单穗实粒数(粒)	64.2	85.6	82	86.4	96	91	87	79.4	82	56	108	104	110	108	93	88
结实率(%)	60.4	80.2	81.4	80	83	74.9	74.7	62	79.6	58.5	98	96.3	95	94	92.2	90.2
千粒重(g)	17.5	20.9	21	22.6	23	22.5	22.1	20.2	22.3	22.4	25.2	25	24.7	24.1	23.6	22.9
理论产量(kg/亩)	501.8	571.1	511.4	463.9	809.9	705.2	590.1	402.3	441.1	361.3	762	626.1	824.9	738.7	568.9	522.3

2.2m，播种密度 3.3 万穴/亩，单穴下种粒数 6～8 粒）是适宜滴灌水稻栽培的几种模式。

（二）目前实现农机配套模式介绍

根据滴灌水稻需水特性要求，针对不同水质、水源条件、土壤性质、种植布局和地形等条件，组合成了滴灌系统的几种不同的管网田间结构模式。主要有："支管＋毛管""双支管＋毛管"两种方式。

根据不同地膜宽度、种植密度和滴灌带间距组成田间布置形式，主要有 3 种：超宽膜"一膜三管十二行"（模式一）、宽膜"一膜两管八行"（模式二）和窄膜"一膜一管四行"（模式三），各种布置模式见图 5-3～图 5-5。

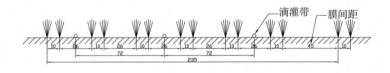

图 5-3　一膜三管十二行播种模式图（cm）

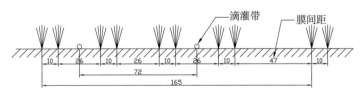

图 5-4　一膜两管八行播种模式图（cm）

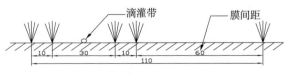

图 5-5　一膜一管四行种植模式图（cm）

（三）3 种模式优、缺点及田间管理侧重点

模式一优点是播种密度大、采光面大、利于保苗和提高膜内温度。缺点是对播种质量、土壤有机质含量、覆土质量及膜床平整度要求高。田间管理注意播前整地质量，要求秋翻整地，待播地必须平整、细碎、下紧上松，否则会造成严重错位，影响出苗。管网布置时支管铺设长度不宜过长或尽量使用双支管。

模式二、模式三优点是播幅窄，农机作业易于操作，对土壤平整度和农机配套水平略低于模式一。缺点是膜间行多，水肥利用效率低，苗期膜内温度低，播种穴数低。田间管理需注意杂草防治及水肥管理。另外，模式二和模式三亩保苗株数少于模式一，最后收获产量也比模式一低。

三、田间管带布置与膜下滴灌水稻 群体结构的高产创建

（一）膜下滴灌水稻群体结构组成

1. 膜下滴灌水稻株型　膜下滴灌水稻株型包括水稻高度、叶片倾角和叶方位角、穗型及根型。

（1）水稻高度。在 20 世纪 50～60 年代，有研究表明，可以通过降低株高使品种的耐肥、抗倒性和密植性显著增强，但是水稻并不是越矮越好，适当增加一点株高，可以降低叶面积密度，有利于 CO_2 扩散和中下部叶片的受光，对生长量和后期籽粒充实显然是有利的。膜下滴灌水稻选育的水稻品种为常规品种，株高一般定在 95～115cm。

（2）叶片倾角和叶方位角。膜下滴灌水稻由于群体密度较

大，因此选育直立叶片水稻品种。此类品种群体的光合效率高于平展或弯垂叶，叶片直立、叶夹角小有利于叶片两面受光，提高适宜叶面积指数，对阳光的反射率较小，从而提高冠层光合速率，增加物质生产量。同时，增加冠层基部光量，增强根系活力，提高抗倒性。

（3）穗型。膜下滴灌水稻根据其生理特性选育半直立穗型品种，它有利于改善群体结构和受光态势，群体生长率高，收获产量明显高于直立和弯曲穗型。无论自然风速大小，群体 CO_2 扩散效率为半直立穗型高于直立和弯曲穗型。这说明直立穗型更有利于光合产物的积累。

（4）根型。膜下滴灌水稻采用滴灌的特性决定了选育品种的方向为根纤细并多分布于土壤表层，根系较粗，直下根比例大，抽穗期下位根占比重大且活性强。

2. 膜下滴灌水稻群体结构大小　膜下滴灌水稻群体结构大小主要是研究膜下滴灌水稻群体密度变化，包括基本苗数、有效分蘖数及适宜穗数等。

首先根据产量来确定适宜膜下滴灌水稻穗数。当单茎叶面积一定时，群体最适叶面积指数越高，适宜穗数越多；而当最适叶面积指数一定时，单茎叶面积越大，适宜穗数越低。株型紧凑、叶片挺直的品种，最适叶面积指数大，每公顷适宜穗数较大；矮秆、分蘖力强和生育期短的品种单茎叶面积小，每公顷适宜穗数也较多；反之，株型松散、叶片披垂的品种，最适叶面积指数小，每公顷适宜穗数较少；高秆、分蘖力弱和生育期长的品种单茎叶面积大，每公顷适宜穗数也较少。

3. 膜下滴灌水稻群体结构的立体层次　膜下滴灌水稻群体立体结构分为 3 个层次：光合层、支架层和吸收层。光合层

（上层或叶、穗层），包括所有绿色叶片、穗和茎绿色部分，主要功能是吸收太阳光能和 CO_2，进行光合作用和蒸腾作用。支架层（中层或茎层），在光合层之下，主要功能是支持光合层，并行使地上部与地下部之间的水分和养分的运输传导作用。水稻群体中层在膜下滴灌条件下已不如传统淹灌种植方式，因为膜下滴灌水稻不建立水层，根层虽然埋于土壤中，但可以通过土壤空隙吸收氧气，依靠茎秆向根层传导氧气的作用已大大减小。吸收层（地下层或根层），在地面以下，主要功能为吸收水分和养分，并进行一些代谢与合成作用。

4. 膜下滴灌水稻群体结构的动态变化　膜下滴灌水稻群体的大小、分布和长相随着植株的生长发育而不断变化，包括基本苗数、穗数、叶面积指数变化、群体高度和整齐度的动态变化。这些变化表现了群体发展状况，反映了群体与个体的关系。

膜下滴灌水稻群体为一个不断发展着的整体，其大田群体结构的形成和发展，是一个动态过程。最后成熟时的大田结构是直接构成产量的因素，但它又是从其以前各生育阶段的结构发展过来的。因此，某一措施只要改变某一时期的群体结构，就能对以后的结构发生深刻的影响。高产田的一切措施，都是为了使这个动态过程向合理的最后结构发展。

膜下滴灌水稻群体的自动调节作用能使群体的动态变化在一定水平上保持稳定。水稻群体的自动调节能力是一种适应性的表现。随着一些条件的变化，水稻群体某些生育进程的速度和方向也随之变化，以适应新的环境。膜下滴灌水稻的分蘖消长就是一种自动调节过程。水稻群体的自动调节主要表现在水稻产量构成因素的制约和补偿机制。水稻产量构成因素的制约机制：一种产量构成因素的增加必然伴随着另一种产量构成因素的相对减少。水稻穗数多，穗粒数或者千粒重就会减少，以保持群体稳定。后期形成的产量构成因素可以补偿早期形成的产量因素的不足，如苗数不足可以通过大量分蘖及较多的穗数加以补偿；穗数不足，粒数和千粒重可以增加。

（二）高产膜下滴灌水稻的群体结构

实现膜下滴灌水稻的高产，就要有高产的水稻群体结构。这种高产的水稻群体结构有以下表现：①水稻产量构成因素穗数、穗粒数和千粒重协调发展。②主茎和分蘖间协调进展，适当的有效分蘖，减少无效分蘖的消耗。③群体和个体、个体和个体、个体内部器官之间协调发展。④生育进程与生长重心转移、生长重心更替、叶面积指数、茎蘖消长动态等进程合理一致。⑤叶层受光态势好，功能期稳定，光合效能大，物质积累多，转运效率高。

要建立高产的膜下滴灌水稻群体结构，首先是选择有良好株型的水稻。这种良好株型的水稻茎秆硬直、叶片挺拔、株高适中。根据天业农业研究所研究表明，膜下滴灌水稻超高产株型的模式，水稻株高要求在 95～115cm，分蘖系数在 0.5～0.8，株型适度紧凑，上三叶片要长、直、窄、凹、厚，穗数在 450 万穗/hm^2 左右。此外，生育期 150d 以内，对品种的叶片要求是，根据无霜期的长短决定品种的叶片数，要求水稻的叶片数在 10～13 片叶。

1. 动态分蘖　合理的栽培密度是建立理想膜下滴灌水稻群体结构和获得优质高产的重要前提条件。单位面积的群体越大，个体的分蘖就越少，正常情况下，水稻分蘖直接取决于稻苗密度和大田栽培密度，如果群体过密，造成田间郁蔽，即使其他条件都能保持适宜状态，水稻分蘖潜力也不能正常发挥。

从图5-6可以看出：处理B的分蘖较其他处理多，处理A次之，处理C第三，处理I最少，分蘖在6月24日左右达到高峰，后期分蘖开始逐渐减少。水稻分蘖期一般是在三叶一心时出现分蘖，四叶期分蘖普遍发生。在相同栽培条件下、不同的下种量处理下，单株的分蘖数随着单穴的下种量的增加而呈递减的趋势。

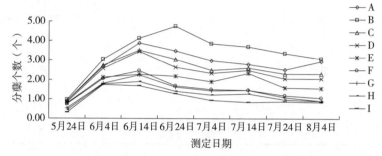

图5-6　膜下滴灌水稻不同种植密度分蘖动态

注：处理A为7.6万株/亩；处理B为9.5万株/亩；处理C为11.4万株/亩；处理D为13.3万株/亩；处理E为15.2万株/亩；处理F为17.1万株/亩；处理G为19万株/亩；处理H为20.9万株/亩；处理I为22.8万株/亩。

2. 单穴有效株数和单穴总粒数的变化　从表5-4可以看出，有效株数从处理D开始，就不能够达到留苗株数，处理I的有效株数率最小只有78.33%，说明在膜下滴灌条件下，机械播种的播种粒数不能超过8粒，播种的粒数应该在5~8粒，超过8粒对水稻的有效株数、分蘖、亩有效穗和产量都有不同程度的影响，对最终的产量影响尤为严重，超过7粒就会出死苗现象，使得即使水稻能够生长，但不能够正常的生长发育，不能够抽穗成熟，出现无效株数，直接造成了经济的减少，超过8粒对于种子来说也是浪费，造成了成本的增加，所以要减少机械播种的下种量，降低成本。

表5-4　收获株数比较

处理	留苗株数 （株/穴）	有效株数 （株/穴）	有效株数率 （%）	亩有效穗 （万穗/亩）
A	4	4	100	16.86
B	5	5	100	19.48
C	6	6	100	18.40
D	7	6.8	97.14	18.64
E	8	7.6	95	18.91
F	9	8.1	90	19.03
G	10	8.6	86	19.94
H	11	8.6	78.18	18.43
I	12	8.8	73.33	18.61

3. 各处理的冠层比较　抽穗期适宜的叶面积指数及其结构是水稻高产的主要标志，是协调库源关系和各部器官平衡发展的基础。对膜下滴灌水稻抽穗期叶面积指数、产量信息的空间结构性及其相关性进行研究，可以获得田间作物生长、产量形成的变异规律。高产群体必须有一个适宜的叶面积指数。

从图5-7可以看出，处理B的叶面积指数在各个时间是最高的，其次是处理A，处理I叶面积指数最小。从图5-7看出，8月5日左右的叶面积指数最高，达到了最高值，由于8月5日左右该品种已至齐穗期，处理B的叶面积指数在该时期为5.87，达到了最大。从处理C至处理I叶面积指数在不同程度递减，说明在膜下滴灌条件下，水稻的叶面积指数随着单穴下种量的增加而递减，与之呈相反的趋势。

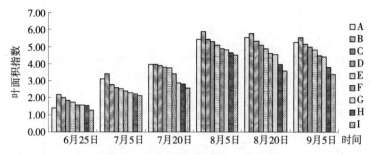

图 5-7　各处理叶面积指数动态变化

注：处理 A 为 7.6 万株/亩；处理 B 为 9.5 万株/亩；处理 C 为 11.4 万株/亩；处理 D 为 13.3 万株/亩；处理 E 为 15.2 万株/亩；处理 F 为 17.1 万株/亩；处理 G 为 19 万株/亩；处理 H 为 20.9 万株/亩；处理 I 为 22.8 万株/亩。

4. 各处理对膜下滴灌水稻产量及其构成要素的影响　从表 5-5 得出在膜下滴灌栽培模式下，机械播种单穴下种量超过 8 粒，水稻的产量及构成要素在随着下种量的增加而呈递减的趋势。各处理的产量及构成因素差异处理 B 除了株高以外，均表现出差异显著，好于其他处理。其他处理间的产量构成要素都存在差异，最大值和最小值均不一致。即株高的最大值是 D 处理（下种量为 7 粒），最小值是 A 处理（下种量为 4 粒）。各处理的穗长和千粒重均表现为差异显著，处理之间并没有太大的差异性。有效穗的最大值为 B 处理，其他各处理均没有太大的差别。穗粒数的最大值是 B 处理，其次是 A 处理，C 处理、D 处理、E 处理、F 处理、G 处理均没有太大的差别，最小值为 H 处理、I 处理。结实率的最大值是 B 处理，其次是 A 处理，最小值是 I 处理（下种量为 12 粒）。产量的最大值是 B 处理，A 处理、C 处理、D 处理、E 处理均没有太大的差别，最小值为 I 处理。可见，在膜下滴灌的栽培条件下，水稻机械播种的下种粒数应该在 8 粒左右，下种粒数为 5 粒的产量表现最好。单穴下种量不能超过 8 粒。就节约成本而言，超过

表 5-5 不同处理对水稻产量及其构成要素的影响

处理	株高 (cm)	有效穗 (穗)	穗长 (cm)	穗粒数 (粒)	千粒重 (g)	结实率 (%)	产量 (kg/亩)
A	108.30d	10.94 b	20.44a	116.70ab	26.06a	91.92ab	537.32b
B	106.30ab	12.06 a	20.47a	132.00a	26.06a	93.24a	669.99a
C	106.00ab	11.39 ab	20.37a	108.91bc	26.06a	91.92abc	522.28b
D	110.70a	11.49 ab	19.91a	107.36bc	26.06a	91.88abcd	519.15b
E	107.40ab	11.59 ab	19.83a	105.13bc	26.06a	91.80bcd	512.81b
F	102.40bcd	11.52 ab	19.65a	102.89bc	26.06a	91.51bcd	498.83bc
G	102.80bcd	11.41 ab	19.65a	97.23bc	26.06a	90.86bcd	466.91cd
H	100.20cd	11.40 ab	19.36a	95.36c	26.06a	90.14cd	457.50cd
I	104.00bc	11.18 ab	19.33a	93.60c	26.06a	89.75d	440.39d

注：各列数字后不同的小写字母表示 0.05 水平差异显著。处理 A 为 7.6 万株/亩；处理 B 为 9.5 万株/亩；处理 C 为 11.4 万株/亩；处理 D 为 13.3 万株/亩；处理 E 为 15.2 万株/亩；处理 F 为 17.1 万株/亩；处理 G 为 19 万株/亩；处理 H 为 20.9 万株/亩；处理 I 为 22.8 万株/亩。

8 粒，就属于浪费成本。不同的下种量，随着下种粒数的不断增加，对水稻的有效穗和穗粒数影响差异明显，而对穗长和千粒重影响不大。该试验结果表明，低的下种粒数增加单株分蘖数和产量；中等下种粒数增加穗粒数和产量；高的下种粒数严重影响水稻的产量构成因素，降低产量。密度越过一定界限后，产量出现下降趋势。

5. 膜下滴灌水稻农艺性状相关性分析　从表 5-6 可以看出，穗长和株数呈负相关且差异极显著。说明下种量越大，穗长越短。株数与实粒数呈负相关且差异极显著，说明下种量越大，实粒数越少，直接影响产量。株数与空瘪率呈正相关且差异极显著，株数越大空瘪率越高。株数与产量呈负相关且差异显著，说明下种量越大产量越小；有效穗与产量呈正相关且差异显著，说明有效穗越多，产量越高；穗长与实粒数呈正相关且差异极显著，说明水稻的穗长越长穗粒数就越多（为高产提供一定的基础；穗长与空瘪率呈负相关且差异极显著，说明穗长越长空瘪率越高，空瘪率与水肥及天气状况有极大的关系，此结果只作为参考）；穗长与产量呈正相关且差异极显著，说明穗长越长，产量越高。实粒数与空瘪率呈负相关且差异极显著，说明实力数越多空瘪率越低，对产量其关键性作用。实粒数与产量呈正相关且差异极显著，说明实粒数越大，产量越高。空瘪率与产量呈负相关，空瘪率越低产量越高。

表 5-6　膜下滴灌水稻农艺性状相关性分析

项目	株高	株数	有效穗	穗长	实粒数	空瘪率	产量
株高	1	−0.643	0.131	0.622	0.529	−0.616	0.403
株数		1	−0.474	−0.948**	−0.872**	0.844**	−0.796*
有效穗			1	0.655	0.592	−0.572	0.689*

（续）

项目	株高	株数	有效穗	穗长	实粒数	空瘪率	产量
穗长				1	0.887**	−0.909**	0.846**
实粒数					1	−0.955**	0.981**
空瘪率						1	−0.934**
产量							1

注：**表示0.01水平差异，*表示0.05水平差异。

此外，对不同处理下膜下滴灌水稻秆长和节间配置研究结果表明，在一定范围内，适当增加株高和穗下节间的比例，可提高产量；高产水稻的节间长短配置合理，穗下节节间占秆长的32%～35%，穗下节节间增长有利于叶层在空间的伸展，增加受光量，有利于光能利用，提高群体生物量。基部节间短粗，单位节间长度干重高，表现为抗倒能力强，同时也反映了无效分蘖期与拔节期前后肥水控制得当，既控制无效分蘖发生生长，又控制基部节间的伸长，为促进穗下节间和穗的长度增加准备了结构物质保证。

（三）实现群体结构优化的农艺措施

1. 建立良好的水稻株型——理想株型育种　　"株型育种"（breeding of plant type）或"理想株型育种"（breeding of ideal plant type）在20世纪50年代初就受到遗传学家和育种学家的重视。株型育种的基本目的是选择茎秆硬直、叶片挺拔、株高适中，以适合于密植，增加单位面积种植株数，提高群体数量，增大群体库容量，以提高作物产量。

膜下滴灌水稻理想株型研究应做好以下几方面的工作：①理想株型也必须适应当地生产实际和生态条件的要求，从群体与环境之间、群体与个体之间、个体与个体之间以及个体内各部分之间的相互关系来确定理想株型。②研究大范围水稻不同理想株型生态适应性的评价原理，实现其种植区域的合理区划。③研究水稻不同株型品种优良株型性状的表达机理及在群体条件下的生态表现，以实现对水稻不同理想株型基因表达的人为调控。④建立生态适应理想株型育种指标数学模拟体系。⑤创建适合于各地区理想株型特点的超高产栽培管理体系。⑥强调培育理想株型的同时，还应注意与优质、绿色、抗逆相结合，这样的株型育种才有实际意义。

2. 栽培技术优化 对膜下滴灌水稻群体结构的研究，主要目的是为了调整水稻群体结构，使膜下滴灌水稻有一个最好的群体结构，以实现膜下滴灌水稻生产的绿色高产和高效。

提高膜下滴灌水稻的群体产量，必须拥有合理的栽培方式：①合理调整种植密度和种植行向。合理密植可直接改变群体结构和农田生态环境，对植株的其他形态结构指标发生作用，如对叶面积指数大小和作物长势的影响。②改善水、肥管理技术。农田水肥管理也是控制群体结构的一个重要途径。如通过优化施肥和水分调节在一定程度上可调控作物的长势和发育进程。肥料，尤其是氮肥施用量，可直接影响叶面积指数。而在作物发生"旺长""疯长"时，又可通过少施肥料、灌排和晒田等方式来减缓作物的营养生长和器官发育。③调整作物种植季节，合理搭配作物，提倡复合种植。轮作、间作套种和立体种植会直接影响着群体的空间结构和时间结构。④改善农田生态环境。改善农田的光、温、水、土等环境条件，使作物个体和群体的生长发育良好，以达到提高作物产量和品质的目的。

第六章

膜下滴灌水稻栽培全程机械化

一、膜下滴灌水稻种子除芒机
和播种机研发

膜下滴灌水稻机械直播技术对水稻种子的流动性有较高的要求，但水稻种子有较大的摩擦阻力，带芒的种子流动性较差，影响播种质量，严重时会发生阻塞，影响水稻播种。因此，研究水稻除芒机和播种机对水稻机械化水平提高有非常重要的意义。

（一）水稻除芒机的研发

1. 除芒机组成 除芒机包括机架、安装在机架下部的驱动电机、安装在机架上部内部的搅拌滚筒和中心轴以及套在中心轴外部的搅拌轴；中心轴两端分别与机架通过轴承配合，其穿过搅拌滚筒封闭端的一端与搅拌滚筒和传动装置固定连接；搅拌轴的固定端穿过搅拌滚筒敞开端固定在机架上，沿该搅拌轴的轴向均匀分布有若干根沿径向延伸的挡杆；在搅拌滚筒内壁上与挡杆相交错均匀分布有若干根搅拌杆，在搅拌滚筒筒壁上分布有若干个通孔；在机架位于搅拌滚筒敞开端的一侧下部和上部分别安装有与该搅拌滚筒内部连通的出料口和进料口（图 6-1）。

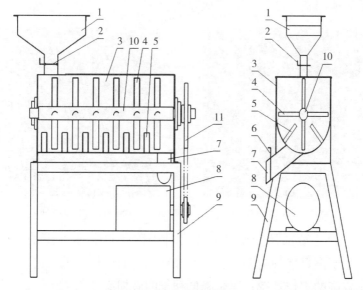

图 6-1　水稻除芒机结构

1. 进料斗　2. 进料调节板　3. 槽体　4. 搅动杆　5. 挡杆　6. 出料调节板
7. 出料口　8. 电机　9. 机架　10. 驱动轴　11. 传动机构

2. 除芒机的主要技术参数　滚筒直径：500mm，挡杆直径：450mm，挡杆转速：100r/min，电机功率：3kW，处理量：1 000kg/h。

图 6-1 所示除芒机为自制简易型，机械程度低，上料、计时和出料等都需要人工操作。除芒工作过程为间歇式，一次进料约为 150kg。先启动除芒机，然后进料，以免堵塞除芒机。一次进料除芒运行时间为 5～7min，待料出完后再进下一次料。

3. 除芒机工作原理　机器工作时，电机经传动装置带动驱动轴运转，种子（图 6-2）从进料斗进入除芒槽体，搅动杆及固定挡杆对种子表面施加搓挤力；种子在相互摩擦力的作用下，在除芒槽体内旋转、相互挤压，使种毛折断、种子表面变得光滑圆整（图6-3），完成除芒。

图 6-2　除芒前种子　　　　图 6-3　除芒后种子

4. 主要部件的设计　设计种子除芒机需要考虑的方面：一是要满足播种需要，要求除掉种子上的枝梗、毛、芒；二是有较高的工作效率；三是降低种子的破损率。

（1）电机。根据电动机负荷性质及大小、工作特性、工作条件等因素，选择电动机的类型、结构、转速及功率。由于一般生产单位都用三相电源，所以在无特殊要求的情况下，均采用三相异步电动机。按该机工作要求设计电机为功率3kW。

（2）机架。机架在整机中起到支撑作用，该机采用三角钢结构，较好地调整零部件的位置，具有结构简单、重量小和坚固等优点。

（3）刀轴。除芒结构主要由横截面为弧形板状体的固定挡杆和搅动杆两部分组成，种子加入除芒槽体后，搅动挡杆和固定挡杆对种子表面进行揉搓，在摩擦力作用下，磨掉水稻的芒、枝梗等。

（4）动力系统。机器转速直接影响除芒机的工作效率，如转速低、机器动力不够，不能达到较好的除芒效果；如转速过高，影响除芒效果，种子破损率会增加。因此，应选择传动系统达到理想的转速。

（二）播种机的研发

1. 播种机历史　1980 年，新疆生产建设兵团石河子农垦区在棉花生产中引进了地膜覆盖技术，首次试验种植 0.5hm²，产皮棉 1 721kV/hm²，比常规棉增产 35％以上，这一结果在新疆生产建设兵团产生了轰动效应。为了把地膜植棉技术尽快推广，新疆生产建设兵团领导对兵团农机工作者提出了"机力铺膜、一播全苗"的课题。经过广大科技人员的努力，1982 年在铺膜机的研制上取得重大突破，研制的铺膜机可以将整地、铺膜、打孔、播种和覆土等项作业一次完成，当年铺膜棉面积达到 3.1 万 hm²。

新疆生产建设兵团铺膜机早期的研制工作，大致分为两个阶段。第一阶段是 1980 年冬至 1981 年春，在北疆的石河子垦区首先研制出了手提点播机、单一铺膜机及改装 24 行条播机等，这对 1981 年和 1982 年的铺膜播种的发展都起到了重要作用，对其他垦区的铺膜播种也起到了推动作用。第二阶段是 1982 年春至 1983 年秋，在新疆的南北疆垦区先后研制出 10 多种新型并各具特色的联合铺膜播种机，可以一次完成整地、施肥、铺膜、播种、覆土和镇压等多项作业。这些机型填补了我国地膜植棉机械的空白，随着科学技术的发展及农业对高产模式的追求，铺膜播种机每年都在变化。

2. 播种机械类型

（1）滴灌型膜上点播机。滴灌作为一种新型的灌溉技术，以其明显的节水功能和容易实现计算机自动控制而成为世界上主要的精准灌溉技术，滴灌引入新疆后又与作物薄膜覆盖栽技术相结合发展成为膜下滴灌技术。

（2）精密播种膜上点播机。发展精密播种膜上点播机是新疆生产建设兵团实行精细农业的一项关键技术，精密播种与常规播种相比省种 80%，同时大大提高了播种的均匀度，这使广大农户使用优良品种成为可能，并节省了大量的间苗用工。长期以来，兵团农机战线的机务工作者和科研人员一直在进行不断地研究、探索和实践，对此也积累了不少经验。

（3）现用机型。气吸式精量膜下条（点）播机该机型是在从国外引进气吸式精量播种机的基础上，通过加装整形铺膜机构改制而成的。引进的国外气吸式精量播种机由德国、法国等国生产，目前主要在新疆生产建设兵团第七师的几个农场中使用。

3. 新型水稻铺膜铺管精量播种机研发　新型水稻铺膜铺管精量播种机，一次可完成平地、铺管、铺膜、膜上打孔、穴播、覆土及镇压等多种工序的联合作业，若是没有铺管的播种机，可在铺膜装置前搭一个架子装上滴灌带卷，这样就可以实现先铺设滴灌带后铺膜。直播技术减少了育苗及插秧等工序，节约了播种时间，解决了水稻不易大规模机械化生产的难题。利用上述播种机播种时对土壤湿度没有太高要求，在干旱条件下也可进行播种，然后再进行滴灌出苗，平均出苗率在 90% 以上，提高了人均劳动效率，同时降低了生产成本。

（1）机具结构。2BMK 系列铺膜播种机主要由主梁总成和工作单组两部分组成。主梁总成包括大梁、悬挂臂、划行器和铺管装置。工作单组包括单组机架、整地装置、铺膜装置、播种装置、种带覆土装置和种带镇压装置。另外，根据用户要求还可在工作单组中加装施肥装置（图6-4）。

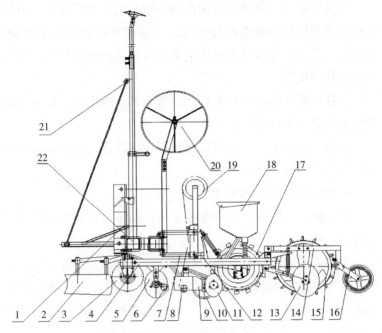

图 6-4　2BMK 精量播种机侧视图

1. 上悬挂　2. 整形器　3. 镇压辊　4. 铺膜框架　5. 开沟圆片　6. 铺管机构
7. 四杆机构　8. 展膜辊　9. 挡土板　10. 压膜轮　11. 覆土圆片1
12. 点种器牵引梁　13. 覆土圆片2　14. 覆土滚筒框架　15. 覆土滚筒
16. 种带镇压装置　17. 点种器　18. 种箱　19. 宽膜支架　20. 滴灌支管
21. 划行器　22. 大梁总成

①整地装置。整地装置由整形器、镇压辊等组成，整形器可以上、下调节。工作时，推土板先推开表层干土，然后由镇压辊进行镇压，使种床光整密实，有利于展膜，改善土壤吸水性。

②铺膜装置。铺膜装置由开沟圆片、压膜轮、导膜杆、展膜辊及覆土圆片1等组成。

③铺管装置。铺管装置由滴灌支架、滴灌挡圈和滴灌管铺

放架（浅埋式）等组成。

④播种装置。播种装置由种箱、输种管、加压弹簧、点播器及点播器固定框架等部件组成。点播器可随地形上下浮动，具有仿形效果，加压弹簧使点播器具有一定的向下压力，能较容易地扎透地膜。

⑤种带覆土装置。种孔覆土装置由覆土圆片 2、覆土滚筒及覆土滚筒框架等部件组成。

⑥种带镇压装置。种带镇压装置由镇压轮、镇压轮牵引装置和挡土罩等部件组成。

4. 机具的安装、调整与使用

（1）机具的安装。选择在平整清洁的场地按照下列步骤进行安装：

①铺膜框架的摆放。找出框架中心，并做上记号，然后将开沟圆片总成装入固定套。将铺膜框架并排摆放，中间一组向后移，以中间单组框架为基准，调整两边框架，使两边行距符合要求。

②大梁总成安装。找出大梁的中心做上记号，将大梁搬上铺膜框架，使各记号点与中间的铺膜框架四杆机构的前托架中心对应，用 U 形卡子将四杆机构的前托架与大梁相连接。装好后，单组机架应上下浮动灵活，待穴播器行距调好后，再调整单组机架间距离，使单组机架符合要求，然后上紧连杆座 U 形卡螺丝。

③点种器、种箱的安装。先用种箱牵引卡板与 U 形卡将种箱架（两件分左右）总成固定在点种器牵引梁相应的位置上，用 2 个 M12 螺母锁紧，再安装点种器，点种器分左右，同组点种器方向相反，进种道口朝外。

④覆土滚筒安装。将覆土滚筒总成通过两个销轴连接到

单组机架上（安装时必须注意覆土滚筒内叶片的螺旋方向，装反会导致不进土），对覆土滚筒的位置进行调整，使漏土带与点种器鸭嘴对准，工作中根据不同土壤调整漏土带缝隙。

⑤铺管装置安装。将滴灌支架安装在大梁上，滴灌铺放架安装在工作单组上，按用户使用要求可进行一膜一管或一膜两管的不同配置；一膜两管的配置在"66＋10"行距模式时，如需放在窄行中间，必须将滴灌铺放架调到浅埋状态。

⑥最后安装压膜轮、前后覆土圆片、输种管和划行器等部件。

整体安装完以后，检查各部件的位置是否正确，点种器、覆土滚筒漏土带是否在一条直线上，紧固件是否牢固，各转动部件是否转动灵活。

地膜安装方法：先将心轴装入膜圈的心管中，再将心轴装入膜架 U 形槽中，调整挡膜套的位置，使膜卷保持在机架中部，并灵活转动，然后将定位螺丝紧固即可。

（2）机具的调整。

①整形器的调整。调整整形器时，应根据土壤情况而定。一般调整两次，第一次进行整体调整，第二次微调。

土壤疏松时，松开整形器的紧固螺栓，以镇压滚筒下平面为基准，将整形器往下调整 15～30mm，整形器的前顶端要向上抬头 5～10mm，调整好后拧紧整形器紧固螺栓；黏性土壤、土块比较多时，以同样的方法进行调整，整形器往下调整 15～40mm。

②穴播器的调整。本机所带穴播器都是经试验台精密调试合格的产品，各零部件安装位置较合适，一般不要拆卸。

检查活动鸭嘴，活动鸭嘴必须转动灵活，不得锈死和卡滞。否则，应及时进行修理或更换；检查活动鸭嘴与固定鸭嘴相对位置，其张开度保持在 10～14mm 范围内，否则应予调校。

③行距的调整。行距是指两个穴播器鸭嘴的中心距。首先找出机具纵向对称中心平面，从机具纵向对称中心平面开始向两侧进行调整；将种箱牵引卡板 U 形卡螺母松开，然后左右移动种箱穴播器总成，使之调到所需位置，锁紧牵引卡板 U 形卡即可。

④开沟圆片的调整。角度调整，松开圆片轴固定螺栓，根据压膜轮的位置移动圆片轴及转动安装柄使两开沟圆盘从后往前看呈内"八"字形且与前进方向各呈 20°左右，并使压膜轮正好走在所开的沟内，最后将紧固螺栓紧固；深度调整，将开沟圆盘安装柄紧固螺栓拧松，在膜床与镇压辊之间支垫 70mm 厚的木块，根据需要将开沟圆盘调整至所需深度（一般将开沟圆盘底端刃口调到膜床以下 50mm 左右），拧紧安装柄紧固螺栓。

⑤覆土圆片 1 的调整。调整方法与开沟圆盘的调整方法基本相同。一般只需调整圆盘的角度及与地膜膜边的距离。

⑥覆土圆片 2 的调整。覆土圆片 2 的作用是给覆土滚筒内供土，可根据覆土滚筒内土的需求量大小，调整圆盘的位置和角度。调整至合适的覆土量，然后将紧固螺栓紧固。

⑦覆土滚筒漏土口间隙的调整。覆土滚筒靠近膜边的第一个漏土口的间隙一般为 12～18mm，第二个漏土口的间隙一般为 15～25mm；漏土口的中心线一般应在播种器鸭嘴的中心线外侧 5mm 左右，根据土质不同可进行适当的调整。

⑧压膜轮的调整。松开压膜轮吊架轴上的紧固螺栓，左右

移动压膜轮，调整到合适位置后拧紧紧固螺栓即可。调整压膜轮时，应使压膜轮走在开沟圆盘开出的沟内，并使压膜轮圆弧面紧贴沟壁，产生横向拉伸力，使地膜平贴于地面，保证膜边覆土状况良好，减少打孔后种子与地膜的错位。

⑨划行器臂长的调节。播种作业时，需安装划行器，并根据行距、行数和拖拉机的前轮轮距确定划行器的长度。划行器长度同时也可按驾驶员所选定的目标（即描影点）而定；放下划行器，松开划行器固定螺丝，调整划行器的长度至所需长度，再把固定螺丝拧紧；试播一趟，观察划行器的划痕是否符合要求，如不符合，再进行微调，直到符合要求为止。

⑩整机的调整。在试作业过程中观察作业质量是否满足要求，必要时调整以下部位：首先，调整拖拉机两侧提升杆的长短，可使机器保持左、右水平；其次，调整上拉杆的长短，可使机器保持前、后水平；再次，机具的两个水平状态调整好后，锁定两个下牵引杆的张紧链条，保证机具作业时不摆动；最后，限位链的调整：在工作时，限位链应偏松一点，而在提升过程和机器达到最高位置时，限位链要确保机器左、右摆动不致过大，更不能与拖拉机轮胎等碰撞。

5. 对地膜、土地及种子的使用要求

①种子清洁、饱满，无杂物、无破损、无稻芒；②土地平整、细碎、疏松，无杂草、杂物，墒情适宜；③膜卷整齐，无断头、无粘连，心轴直径不小于30mm，外径不大于250mm。

6. 对拖拉机的要求

①拖拉机的安全防护装置齐备，状态良好；②拖拉机的技术状态良好；③液压悬挂系统工作正常，附件齐全、完好，调整方便；④液压提升摆臂应左右一致，位置正确。

7. 播种前的调试与试播 在正式播种前，必须先进行试播。

（1）对机具进行试播调整的前提条件是：机具的挂接调整符合要求，机具的前后、左右与地面呈平行状态，点播器框架保持水平，保证鸭嘴开启时间正确。

（2）试播要在有代表性的地头（边）进行。试播时，拖拉机的行进速度和正常作业时的速度一样，同时要检查播种质量，包括播深、穴粒数、株距、行距和覆土质量等。

（3）悬起铺膜播种机，将地膜起头从导膜杆下面穿过，经展膜辊、压膜轮、覆土滚筒，用手将地膜起头在地面上，然后降下铺膜播种机。

（4）将宽膜膜圈调整到左右对称的位置，锁紧挡膜盘，保证膜卷有 5mm 的横向窜动量，根据地膜宽度及农艺要求调整膜床宽度，开沟深度 5～7cm，圆盘角度为 20°左右，膜边埋下膜沟 5～7cm。

（5）加种：给种箱加种时，加种后的缓慢转动穴播滚筒 1～2 圈，做到预先充种。

（6）调整拖拉机中央悬挂拉杆，使机架平行于地面。

（7）最终达到膜床平整、丰满，开沟深度、膜床宽度及采光面符合要求，宽膜膜边覆土适当，铺膜平展，孔穴有盖土，下种均匀，透光清晰等。

8. 2BM 型铺膜穴播机播种过程 膜下滴灌水稻播种作业常用的机具为：2BM 型铺膜穴播机，有 3 膜 6 管 24 行机型（图 6-5、图 6-6）和 1 膜 3 管 12 行机型（图 6-7、图 6-8）。

（1）2BM 型铺膜穴播机（3 膜 6 管 24 行）主要技术参数。配套动力≥75～90kW 拖拉机，三点后悬挂，膜宽为 160cm，1 膜 2 管，选择 14 穴穴播器，鸭嘴式穴播器宽 3.0cm，穴播深

图 6-5　3 膜 6 管 24 行机型在播种作业中

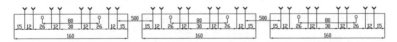

图 6-6　3 膜 6 管 24 行机型栽培模式示意图（cm）

图 6-7　1 膜 3 管 12 行机型在播种作业中

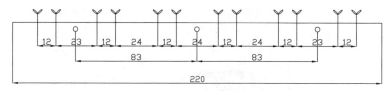

图 6-8　1 膜 3 管 12 行机型栽培模式示意图（cm）

度 2.8cm，带翼勺式取种器，下种量 6～10 粒，平均 8 粒。平均行距 22.5cm，平均株距 9.5cm，亩穴数 31 000 穴，理论株数 248 000 株/亩。

（2）2BM 型铺膜穴播机（1 膜 3 管 12 行）主要技术参数。配套动力≥40kW 拖拉机，三点后悬挂，膜宽为 220cm，一膜 3 管，选择 14 穴穴播器，鸭嘴式穴播器宽 3.0cm，穴播深度 2.8cm，带翼勺式取种器，下种量 6～10 粒，平均 8 粒。平均行距 20cm，平均株距 9.5cm，亩穴数 35 100 穴，理论株数 280 000 株/亩。

9. 膜下滴管水稻播种对机具的要求

（1）播种量的调整。播种机的播种量的调整是由更换不同大小的取种器来实现的。出厂前已由工厂按用户的要求调试正确，用户不需再进行调整，误差超过 10%，应与厂家取得联系，请求厂家重新调整。

播种量还与作业行进的速度有关，按照播种速度的要求控制在±15% 以内基本保证播量准确。一般要求行进速度在 3.5～4km/h。

（2）整形器调整合适，镇压辊转动灵活，光洁无锈。

（3）穴播滚筒转动灵活，间距准确。

（4）穴播鸭嘴开合灵活，光洁无锈，排种准确，播深适宜。穴粒数合格率>90%，无空穴。膜上开孔完整，无撕裂膜，不夹膜。膜孔与下种位置准确对位，错位率<3%。

（5）滴灌带卷轴、地膜卷轴、展膜轮和压膜轮转动灵活。铺管铺膜平展，与地面贴合良好，压膜良好，膜边覆土牢固。

（6）开沟圆盘、覆土圆盘转动灵活，光洁无锈。导土叶片性能良好，土量调节方便准确，穴孔覆土良好，均匀一致。种行镇压轮转动灵活，镇压紧实。

10. 膜下滴管水稻播种机对种子的要求　水稻种子必须经过除芒和精选，颗粒均匀饱满，光滑无芒，干燥，无杂质，无破损，符合国家规定种子质量标准《粮食作物种子　第 1 部分：禾谷类》（GB 4404.1—2008）。

11. 膜下滴管水稻播种机操作规程

（1）准确连接拖拉机和播种机，调整拖拉机悬挂拉杆，使得播种机在作业中保持机架水平状态。左右牵引板拉链收紧，使得播种机工作时不得左右摆动。提升播种机至高位时，播种机下面应该有足够的空间，便于操作牵拉和固定地膜、滴灌带。

（2）作业时液压操作杆放在浮动位置。

（3）播种机加满种子、地膜、滴灌带后，将播种机提升至高位后，应保证拖拉机前轮应还有足够的对地压力，如不足时，应在前轮增加配重，至拖拉机转向可靠为止。也可以在拖拉机前方储备播种用的地膜、滴灌带。

（4）正确调整划印器（划行器），保证播种机往返行程有正确的邻接行距，调整方法（仅列举梭形播种时划印器调整方法）见图 6-9。

正驾驶位时，目标取拖拉机中央，左右划印器等长，可按下式计算：

$$L_左 = L_右 = L$$

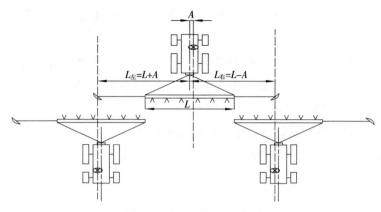

图 6-9 划印器调整示意图

偏位驾驶时，设定偏右 A，则

$$L_{左}＝L＋A$$

$$L_{右}＝L－A$$

（5）机组在正常作业中应经常检查铺膜和播种质量，应设有专人检查播种质量。检查下种量可用勺子挖取种子，清查下种粒数及深度并做记录，计算平均下种数及计算方差。

（6）地头转弯时检查种子箱，及时添加。

（7）及时清除各作业部件和覆土装置上缠绕的泥土、杂草和废膜等杂物。

（8）经常检查穴播器滚筒的鸭嘴开闭是否灵活，有无堵塞、松动和零件缺失，穴播器鸭嘴的开度应＞16mm。

（9）地头压膜、切膜应及时、准确、整齐，地膜的端头在一条直线上。末端用土压实，防止作业中地膜移动造成孔穴错位。

（10）更换滴管带卷时，应将两滴管带接头穿过引导装置后连接牢固。

12. 膜下滴管水稻播种作业技术要求

（1）播行端直，50m 播行内偏差＜5cm。

（2）行距一致，在同一播幅内，与规定的行距偏差＜1cm，播幅间连接行偏差＜5cm。

（3）下种准确，穴粒数 6～10 粒，合格率＞90％，空穴率 0。

（4）播深适宜，播种深度 2.8cm，与规定播深偏差＜1cm，合格率＞85％。

（5）膜孔与种子对齐，错位率＜3％。覆土厚度（1.0±0.5）cm，膜孔覆土合格率＞85％。

（6）种子机械破损率＜0.5％。

（7）地头铺膜播种整齐，起落一致。

（8）膜侧压土可靠，膜面平整，采光面光洁整齐。

13. 膜下滴管水稻播种机安全操作规程

（1）铺膜播种机运输时，须将划印器放至运输位置，升起穴播器滚筒，种子箱不得装存种子。

（2）穴播器落地后，播种机不准转弯、倒退。

（3）地头转弯时必须升划印器。

（4）清理或保养播种机时，播种机必须落地。

（5）作业时，不准清理堵塞物，不准用手或其他用具捅拨、敲打穴播器、覆土滚筒等机件。

（6）播种机组进出地块时，应采取行进中起落方式，要缓慢升降，不准急转弯。

（7）播种机组在田间转移或长距离运输时，机具提升高至最大高度，升起划印器并缩到最短位置。

14. 膜下滴灌水稻播种机故障排除　见表 6-1。

表 6-1　膜下滴灌水稻播种机故障排除

故障现象	原因分析	排除办法
空穴	排种器内有杂物	清除杂物
	种箱下种口堵塞	进行疏通
	整地太浅或太松，鸭嘴打不透地膜，或鸭嘴打不开	整地深度 3～5cm，并镇压土地
	鸭嘴阻塞	清理鸭嘴
播种鸭嘴夹土	鸭嘴变形	校正鸭嘴
	鸭嘴弹簧变形或损坏	校正或更换弹簧
	土壤含水率过高	晾晒土地，使土壤含水率降低
断膜	有异物挂膜	观察后排除
	展膜辊、压膜轮转动不灵活	可能有异物卡住，检查后排除
	覆土滚筒、穴播器转动不灵活	检查覆土滚筒及穴播器
	覆土滚筒离地间隙不够	调整覆土滚筒离地间隙
	地膜质量差	更换合格地膜
	机架不平	调整悬挂系统，使机架保持水平
鸭嘴穿不透地膜	地膜张紧不够	张紧地膜
	土壤中杂草及大土块过多	重新整地
排种管堵塞	排种管太长	短排种管
	排种管内有杂物	清理排种管内杂物
铺膜质量不好	膜边压土不严	调整一级覆土圆片使之有足够的覆土量
	膜上覆土不好	调整二级覆土圆片角度
	膜边卷曲	垄面宽度不够，加大加深
	膜卷未放正	调整膜卷
	展膜辊、压膜轮转动不灵活	检查后排除
	机架不平	调整悬挂系统，使机架保持水平

二、膜下滴灌水稻栽培对土壤
及农机作业的要求

（一）膜下滴灌水稻栽培对土壤的要求

膜下滴灌水稻属于无水层灌溉栽培，所以只有具备一定的灌溉条件，才能确保膜下滴灌水稻的稳产高产。选地要选择地势平坦，土壤含盐量在0.2％以内，因氯化物毒害大，含氯量应控制在0.12％以内。有些旱作物耐盐能力相似于水稻，如小麦。凡是没有经过土壤含盐量测定的土壤，应以小麦能保住全苗做标准，这样的地可以搞膜下滴灌水稻。当然品种间耐盐性有差异，如杂交稻以及耐盐性强的一些品种，对土地适应能力较强。水稻不同生育期的耐盐临界浓度见表6-2。选择中性或偏酸性土壤，pH不超过7.5。不应选择不保肥、不保水的沙性重的地和贫瘠地。地面不平，高低悬殊以及土壤过于黏重的地块和杂草过多的地均不适合于膜下滴灌水稻的种植。

表6-2　水稻不同生育期的耐盐临界浓度

生育时期	生育情况	临界浓度（％）	
		总盐量	氯化物含量
幼苗期	正常	＜0.21	＜0.09
	逐渐死亡	＞0.27	＞0.12
分蘖期	正常	＜0.24	＜0.09
	逐渐死亡	＞0.35	＞0.21
出穗期	正常	＜0.25	＜0.12
	逐渐死亡	＞0.40	＞0.28
成熟期	正常	＜0.28	＜0.13
	逐渐死亡	＞0.47	＞0.32

（二）农业机械田间作业系列标准

1. 耕地作业的农业技术要求

（1）适时耕翻（一个是季节、一个是墒度）。耕地作业要在适宜的规定农时期限及良好的墒度期进行。

（2）达到规定耕深。一般为 20～25cm（根据土壤要求进行），均匀一致。

（3）覆盖严密。垡片翻转良好，无立垡回垡。地面的残茬、杂草及肥料覆盖率达 90％以上。

（4）要求耕直。50m 内直线度误差不超过 15cm。

（5）地头整齐、不重耕、不漏耕，地边地角尽量耕到耕好。

（6）耕后地表平整，土壤松碎（内翻和外翻法，第一次开墒很重要）。

（7）开闭作业方法交替进行，不得多年重复一种耕翻方向。

（8）茬高、草多的地块，应先进行清株灭茬作业后再耕地。

耕地作业质量检查与验收：①作业方法的检查。根据耕作地块的长、宽和面积等，检查耕地的作业采用的行走方法，不得有过多的空行和明显沟垄。②耕深作业后检查。沿地块对角线取 10～15 个点，整平测量点，用直尺插到犁沟底测其深度，计算平均值（在正常情况下减去土壤膨松度 20％，雨后或复式作业减去 10％），实际耕深不得小于规定耕深 1cm。③各铧耕深一致性检查。随机取 1～3 个点剖开耕幅断面，露出犁底层深地表，拉一直线，垂直测出各铧深度，各铧耕深相差不超过 3cm。

2. 整地作业的农业技术要求

（1）平。作业后的土壤表层没有垄起的土堆、土条和明显的凹坑。

（2）齐。田边地角要整齐（节约土地，便于下一步作业）。

（3）松。作业后表层土壤疏松，保持适宜的紧密度（上实下虚，保墒，利于作物发芽出苗）。

（4）碎。土块要耕碎，不允许有尺寸大于 10cm 以上的土块泥条。

（5）净。地表要干净，肥料覆盖良好，无作物残茬和杂草裸露。

（6）墒。作业适时，墒情适当（及时整地）。

（7）应根据墒情确定耙深。一般轻耙深 8～10cm，重耙深 12～15cm（墒情好耙浅，短秆作物耙浅，常采用对角耙法）。

整地作业的质量检查与验收：一是耙深检查。作业中直接测量耙片入土深度；作业后取点：扒开土壤，与周围地表相比较，测量深度，不小于规定耙深。二是平整度检查。用目测法检查地点、地边、地角有无明显的凹坑沟槽或土堆、土条。

3. 播种作业的农业技术要求

（1）适时播种。在当地规定的适时播期内完成播种作业。

（2）播行要直。在 50m 播行内大中型拖拉机播种的直线误差不大于 8m，小型不大于 15cm。

（3）行距一致。在一个播幅内行距偏差不超过 1cm，播幅间的交接行偏差，密植作物不大于 2cm，中耕作物不大于 8cm（以上利于中耕、收获和药物喷洒作业）。

（4）播量准确。实测下种量与规定下种量的偏差，大粒种子如玉米、大豆等不超过 2%，水稻、小麦不超过 3%。

（5）下籽均匀。播幅内各播行下种量偏差不超过 6％，穴播的穴粒数合格率大于 85％，空穴率不超过 3％。

（6）播深适宜。实际播深与规定播深的偏差：当规定播深为 3～4cm 时，不超过 0.5cm；当规定播深为 5～6cm 时，不超过 1cm。

（7）地头地边整齐，播到头，播到边，超落一致（超落线）。

（8）覆土严密，镇压确实，无浮籽。

播种作业的质量检查验收：①在条田的两个对角线上各取 4～5 个点，在规划区和条田、田埂内侧第 3～4 个播幅上各取 2～3 个点，每点 2 行，每行 10m 长进行检查验收。②作业质量检查验收由农户与农机人员共同进行。

4. 中耕作业农业技术要求

（1）根据地面杂草及土壤墒度适时中耕，第一次中耕一般在作物显行后进行，地膜覆盖作物也可在播种后不显行时开始中耕。

（2）中耕深度一般为 10～18cm。分 2～3 次，实际中耕深度每行不小于规定耕深 1cm。

（3）中耕后地表土壤应松碎平整，不允许有拖堆、拉沟现象。

（4）要求除尽行间耕幅内的杂草，在机具性能和人员技术保证的前提下，尽可能压缩护苗带宽度，一般护苗带宽度前期 8～12cm，后期 13～16cm。

（5）直行行间不允许埋苗、压苗、铲苗，不损伤作物根系和茎秆，地头转向时转向区域内总伤苗率不得超过 18％。

（6）中耕作业不允许错行、漏耕，应起落有致、地头地边都耕到。

中耕作业的质量检查验收：①漏耕情况检查。作业结束后沿地块对角线检查有无漏耕，发现有漏耕处做标记进行机械补耕。②除草净度检查。沿地块对角线取 3 个点检查铲组通过宽度内杂草是否除净。③护苗带宽度检查。在机组工作幅宽的苗行上测量 5 处护苗带应符合要求。④作业深度检查。在工作幅宽内每行选 5 个点，扒开松土层，用直尺量出作业前的地表至沟的底的深度，取平均值，应符合要求。

5. 植保作业的农业技术要求

（1）应根据防治目的的农药制剂的不同，采用相应的药液配制规程和正确的施药方法。

（2）药液要均匀地喷洒在作物茎秆和叶子的正反面。

（3）在规定的时间内完成植保防治作业，同一种作物在 3～5d 内完成一遍作业。

（4）在植保作业过程中单位面积农药的有效成分用量应符合当地农业技术要求。

（5）对地面施除草剂后，并应有及时耙地混土，耙地深度一般 6～8cm（喷洒药物时应尽可能照顾到农作物，可调节喷头位置来实现）。

植保作业中检查与注意事项：①作业中目测农药喷施情况，应均匀一致，射程稳定。②作业中经常检查工作部件，发现堵塞、漏洒或不均匀时要及时排除故障。③作业中应抽查作物茎秆、叶面的药液（粉）黏附情况，看其是否均匀，是否符合农业技术要求，必要时进行调整。④作业中一般不允许中途停车，如一定要停车，必须首先切断农具动力。⑤作业中不允许机组倒退。⑥用于除草剂喷洒作业的机具，用后必须彻底清洗干净后才能用于喷洒其他农药。⑦农药在调剂成药液后要经过过滤才能添加。

三、膜下滴灌水稻收获及农膜、滴灌带回收

（一）膜下滴灌水稻收获

1. 滴灌水稻的最佳收获期

（1）水稻的成熟期。水稻的成熟期根据成熟情况分为浆熟期、乳熟期、蜡熟期和完熟期。水稻开花受粉后开始灌浆这段时间叫作浆熟期。水稻 60%～70% 籽粒已经灌满浆，其中大部分籽粒已经有块状固型物，叫作乳熟期。50%～80% 籽粒已经硬粒儿，籽粒的胚乳（大米）已经半透明，呈蜡状，这段时间叫作蜡熟期。大面积的水稻 95% 的籽粒（不包括空瘪粒儿）都呈半透明状，这段时期就叫作完熟期。这个时期水稻的生物产量达到最大值。水稻过了完熟期，产量会因为营养的流失及雀、鼠、畜的危害逐渐降低。此外，还会发生籽粒断裂情况。

（2）水稻的最佳收获期。根据水稻的营养积累的规律，水稻的最佳收获期是在水稻的完熟期。其间水稻的营养积累达到最大值，如果收割太早，会因为还有部分籽粒没有完全成熟，影响水稻产量，俗话叫作伤镰。如果收割太晚，会因为营养的流失及雀、鼠、畜的危害等原因，产量逐渐降低。收获得越晚，产量下降越多。经过膜下滴灌水稻几年的生产实践已经证明，膜下滴灌水稻最佳收获期：以石河子垦区为例，早熟品种在 9 月 20～30 日。中晚熟品种在 10 月 5～15 日。

（3）水稻收获存在的问题。伴随着水稻收获机械化的发展，大部分水稻面积都利用联合收割机收获。在水稻生产实践中，80% 以上的水稻面积因为脱水问题不能在水稻的最佳收获期收获，给水稻生产造成很大损失（损失率 5%～

10％）。为解决水稻生产过程中这个难题，有关部门及有识之士应筹建水稻烘干加工厂。联合收割机的生产厂家及研制部门，应当利用发动机的余热，在联合收割机上增加粮食烘干装置。

2. 水稻的收获方式

（1）手工收获。手工收割是最原始的收获方式，就是用镰刀先把水稻割掉，然后脱粒。我国南方的籼稻有自然落粒习性，割倒后必须马上脱粒，收获时是两三人一组，收获时拖一个木箱，由一个人用镰刀把水稻割掉，另一人拿起水稻把稻穗在木箱的内壁上摔打，稻粒自然落入木箱中。北方粳稻则是先用镰刀先把水稻割掉，然后捆成小捆，晾干后用脚踏脱粒机脱粒，前者俗称割地，后者俗称打场。随着机械化的发展，淘汰了脚踏脱粒机，改用由电动机或柴油机带动的机动脱粒机脱粒。这种收获方式效率很低，现在已经很少有人采用。

（2）利用机械割晒然后用收割机械拾禾。利用割晒机将水稻割倒、放晒，待水稻水分降至15％左右时，利用联合收割机拾禾。这种收获方式的优点是能在水稻的最佳收获期收获，产量较高，也能卖个比较好的价钱。缺点是收割成本稍高一点。

（3）利用联合收割机直接收获。利用联合收割机直接收获是效率最高，成本最低的收获方式。目前，80％以上的水稻面积采用这种收获方式收获。收获时应特别注意水稻的水分，没有烘干或者晾晒条件的地方，一定要等水稻水分降至安全水分以下时开始收获。严防收获的水稻入库后发热变质。在水稻生产实践过程中，因收获时水分过高造成水稻上场后发霉变质的现象时有发生，给稻农带来极大损失，应当引起特别注意。收获时，机手应当根据水稻的水分及脱谷质量随时调整脱谷转速，尽量减少谷外糙米的数量。谷外糙米的数量应当控制在5％以下。谷外糙米对水稻的储藏有很大影响。目前，直接收获的水稻谷外糙米的数量大部分偏高（有的高达10％），致使稻农的收益降低。

3. 水稻收割机械

（1）割晒机。我国是水稻的原产国，有几千年的种稻历史，几千年来，镰刀一直是收割水稻的主要工具。用镰刀割水稻是一项特别辛苦的劳动，劳动强度特别大。为降低劳动强度，提高劳动效率，先后研制生产了各种人力收割器。后因效率仍然不高，不久就被淘汰。改革开放后，水稻收割机械得到很大发展。各种机动的割晒机如雨后春笋般地发展起来。主要有小型机、中型机和大型机三大类。小型机由小功率汽油机或者小功率柴油机（2～3马力[*]）驱动，每班割水稻0.7～1hm^2。中型机和小型轮式拖拉机或者手扶拖拉机配套使用，每班割水稻2～3hm^2。大型机和大中型轮式拖拉机或者链轨拖拉机配套使用，每班割水稻5～10hm^2。目前，割晒机的使用已经很普遍，各地的农机经营部门都有出售。

（2）联合收割机。

①联合收割机的发展概况。我国联合收割机最早是20世纪50年代末从苏联引进的，联合收割机的俄语发音近似于汉语的康拜因，所以我国把联合收割机叫作康拜因。我国水稻联合收割机发展起步较晚，黑龙江省是水稻联合收割机发展起步较早的省份，但与国际先进水平国家或地区相比，也差距很大。到20世纪70年代，我们才开始研制生产自己的联合收割

---

* 马力为非法定计量单位。1马力≈735W。

机。黑龙江省先后生产了 1055、1065 和 1075 等机型。新疆生产了新疆 2.0、3.0 等机型。桂林联合收割机厂先后生产了与链轨拖拉机配套使用的背负式联合收割机，包括桂林 2 号、桂林 3 号和桂林 4 号。与桂林号相仿的还有珠江 2 号、珠江 3 号等机型。改革开放后，我国联合收割机的研制和生产得到了飞速发展。1985—2005 年，短短 20 年，大、中、小各种型号的联合收割机相继问世。我国联合收割机的社会保有量已接近世界发达国家的水平。

②联合收割机的分类。联合收割机根据发动机功率大小分为大型联合收割机和中小型联合收割机。发动机功率在 100 马力以上的，称作大型联合收割机。发动机功率在 50 马力以上 100 马力以下的，称作中小型联合收割机。与拖拉机配套使用的，称作背负式联合收割机。根据行走方式不同，又分为胶轮式联合收割机和链轨式联合收割机。根据脱粒喂入方式，又分为全喂入式联合收割机和半喂入式联合收割机。主要分为大型轮式全喂入联合收割机、大型链轨式全喂入联合收割机、中小型轮式全喂入联合收割机、中小型链轨式半喂入联合收割机、中小型链轨式全喂入联合收割机和背负式联合收割机六大类（图 6-10）。

③各类联合收割机的主要性能。

A. 大型轮式全喂入联合收割机。这类联合收割机的主要特点是功率大，发动机功率在 100 马力以上。割幅宽，割幅在 $3.5 \sim 5.5 \mathrm{m}$。效率高，每天收割水稻 $8 \sim 15 \mathrm{hm}^2$。主要机型有 1065、1075、佳联-5、3316、3518、新疆 3.0 等。缺点是不适合收割低洼有水的地块。

B. 大型链轨式全喂入联合收割机。苏联生产的叶尼塞牌联合收割机是这类联合收割机的典型机。这类联合收割机既有

图 6-10　膜下滴灌水稻收割机

大型轮式全喂入联合收割机功率大、割幅宽和效率高的特点，又适合收割低洼有水的地块。缺点是机动灵活性较差。

C. 中小型轮式全喂入联合收割机。这类联合收割机多数是最近几年发展起来的新机型，主要机型有 3060、3070 和 3080 等。这类联合收割机的特点是价格比较便宜、效率较高而且机动灵活。缺点也是不适合收割低洼有水的地块。

D. 中小型链轨式全喂入联合收割机。这类联合收割机也是最近几年发展起来的新机型，主要机型有沃德、谷神和碧浪等。这类联合收割机的特点是价格比较便宜、效率较高和适合收割低洼有水的地块。缺点是机动灵活性较差。

E. 中小型链轨式半喂入联合收割机。这类联合收割机的脱粒是采用半喂入式脱粒，脱粒阻力小，比较省油。脱粒净度高、跑粮少，破损率低，谷外糙米少。适应性好，什么地块都能收，严重倒伏地块也能很好地收起来，是中小型家庭农场比较理想的机型。主要机型是日本进口的久保田，久保田的主要特点是脱粒脱净度高，谷外糙米少，适应性好。缺点是价格比较昂贵。目前，我国浙江湖州生产的中小型链轨式半喂入联合收割机已经自成体系。包括 15～60 马力的几个类型，其性能和质量均已赶上或者超过久保田，而且价格便宜（比久保田便宜 30％～40％）。

F. 背负式联合收割机。背负式联合收割机是和拖拉机配套使用的，主要机型有珠江 2 号、珠江 3 号、桂林 3 号和桂林 4 号等。这类机型的主要特点是价格便宜，实现了拖拉机的一机多用。因其安装拆卸比较麻烦，目前已经很少使用。

④主要收割机械的参数。

A. 迪尔佳联 3080-A 主要技术参数见表 6-3。

表 6-3　迪尔佳联 3080-A 主要技术参数

序号	项　目	单位	规　格
1	结构型式	—	自走式全喂入
2	外形尺寸（长×宽×高）	mm	6 400×3 200×3 200
3	配套动力	kW	59
4	纯工作生产率	hm^2/h	0.5～1.0
5	燃油消耗量	kg/hm^2	9～30
6	结构重量	kg	4 500
7	割幅	mm	2 750

（续）

序号	项　目	单位	规　格
8	喂入量	t/h	12.6
9	最小离地间隙	mm	480
10	作业前进速度	km/h	1.5～20.3
11	割刀行程	mm	76.2
12	割台搅龙型式	—	伸缩指螺旋
13	割台搅龙外径	mm	500
14	拨禾轮型式	—	偏心弹式
15	拨禾轮直径	mm	900
16	拨禾轮板数	个	6
17	输送带型式	—	刮板链条式
18	脱粒滚筒型式	—	纹杆式、钉齿式
19	脱粒滚筒（外径×长度）	mm	450×700
20	凹板型式	—	栅格式（钉齿式）
21	凹板包角	°	85
22	风扇型式	—	直板蜗壳式
23	风扇直径	mm	400
24	出谷搅龙直径	mm	160
25	出谷搅龙螺距	mm	150
26	接粮方式	—	粮箱
27	割台搅龙与底板间隙	mm	6～12

B. 久保田 PRO488-CN-S100 主要技术参数见表 6-4。

表 6-4　久保田 PRO488-CN-S100 主要技术参数

序号	项　目	单位	规　格
1	外形尺寸（长×宽×高）	mm	4 150×1 800×2 200
2	重量	kg	2 105

（续）

序号	项　目	单位	规　格
3	型式	—	立式水冷4缸4行程柴油机
4	总排气量	Cc（L）	2 197（2.197）
5	输出功率/转速	ps［kW］/r/min	48（35.5）/2 700
6	使用燃油/燃油箱容量	L	柴油0#（优级品）/50
7	起动方式	—	起动电机
8	蓄电池	V/A	12/52
9	履带宽×接地长	mm	400×1 300
10	行带中心距离	mm	970
11	接地平均压力	kgf/cm	0.202
12	走变速方式	—	液压无级变速（HST）
13	变速挡	—	无极×副变速3挡
14	行走速度（前进）	m/s	低速：0～0.86，标准：0～1.22，行走：0～1.65
15	行走速度（后退）	m/s	低速：0～0.86，标准：0～1.22，行走：0～1.65
16	收割宽度	mm	1 450
17	割刀宽	mm	1 436
18	割茬高度	mm	35～150
19	脱粒深浅调节方式	—	自动、手动
20	适应作物范围（全长）	mm	650～1 300
21	倒伏适应性	—	顺割：85°以下，逆割：70°以下
22	变速挡数	挡	2
23	脱粒方式	—	下脱、单筒、轴流式
24	脱粒筒直径×宽	mm	424×800
25	脱粒筒转速	r/min	505
26	二次输送方式	—	螺旋搅龙

（续）

序号	项　目	单位	规　格
27	筛选方式	—	鼓风、摇动筛选式
28	卸谷方式	—	漏斗式
29	集谷箱容量	L（1袋×50L）	200（约4袋）
30	卸粮口	个	3
31	切草长度	mm	100
32	切草刀	—	齿形圆盘陶瓷
33	作业能力	亩/h	3～6（直立情况下）

（二）膜下滴灌水稻栽培过程中的农膜回收

1. 农田地膜残留特征及影响因素

（1）农田土壤中残留地膜的分布及形态特征。残留在耕地土壤中的地膜主要分布在耕作层，集中在 0～10cm 的土壤中，一般要占残留地膜的 2/3 左右，其余则分布在 10～30cm，40cm 以下基本没有分布。土壤中残留地膜大小和形态多种多样，受农事活动和农膜使用方式等多种因素的影响，主要有片状、卷缩圆筒状和球状等，它们在土壤中呈水平、垂直和倾斜状分布。地膜残片的面积差异较大，山西棉田地膜残片的面积一般在 10～15cm^2，约占地膜残留量的 73.9%，其次是小于 5cm^2 的残片，约占 13%；而在新疆长期应用地膜的棉区，34% 的残留地膜面积小于 5cm^2。华北和东北地区土壤中地膜残片较大，多在 20～50cm^2，受使用年限的影响。地膜在使用后，其表观显微结构发生改变，残留地膜常常出现龟裂、分层现象，而且这种变化与存留在土壤中的年限有极大关系。

（2）影响地膜残留量的主要因素。农田中地膜残留量的多少受到多种因素的影响，主要有以下 4 个方面：

①种植方式和覆膜次数。覆盖次数和频度高的一年二熟或多熟种植区较一年一熟地区农田地膜残留量大，有研究结果显示，在山东省覆盖 2 次、3 次、4 次和 5 次的农田土壤中地膜残留量分别较覆膜 1 次的增加 40%、49.5%、56.2%和 61%。

②覆膜时间长短和农民回收地膜的习惯。覆膜时间越长，地膜残留量就可能相对较高，而精耕细作和地膜回收比较仔细及时的则耕地土壤中地膜残留量较小。

③种植的作物种类。在南疆地区，使用地膜 2 年后的棉花地土壤中地膜残留量最高，为 $41.9kg/hm^2$；小麦地残留量居次，为 $27.2kg/hm^2$；瓜菜地残留量为 $20.4kg/hm^2$；玉米地残留量最低，为 $17.6kg/hm^2$。这在很大程度上是受到农事活动影响的结果。

④农膜本身特性，地膜越薄，抗拉能力越差，易破碎的地膜将导致耕地土壤中残留量增加。地膜的回收是一个复杂的问题，废膜污染越严重处理也越困难，而污染的程度依赖于膜的厚度。具有关资料显示，地膜厚度为 12mm 时的可清除（或可回收）率达 80%以上。

2. 残留地膜对农业环境的危害和影响　由于地膜分子量大、性能稳定，能够在自然条件下在土壤中长期存留。残留农膜对农业生产及环境都具有较大的副作用，主要表现在以下 3 个方面：

（1）残留地膜对土壤特性的影响。由于地膜不易分解，残留在农田土壤中的地膜对土壤特性会产生一系列不利影响，最主要的是残留地膜在土壤耕作层和表层将阻碍土壤毛管水、降水和灌溉水的渗透，影响土壤的吸湿性，从而阻碍农田土壤水分的运动，导致水分移动速度减慢，水分渗透量减少。

（2）残留地膜对农作物的危害。

①残留地膜对农作物生长发育的抑制作用。残膜的聚集阻碍土壤毛细管水的运移和降水的渗透，对土壤容重、孔隙度和通透性都产生不良影响，造成土壤板结、地力下降。由于残膜影响和土壤理化性状的破坏，必然造成农作物种子发芽困难，根系生长发育受阻，农作物生长发育受抑制。

②残留农膜对农作物产量的影响。研究结果显示，当土壤中地膜残留量达到一定数量时会影响作物生产环境和自身的生长发育，进而影响到农作物的产量。

（3）农田残留地膜其他副作用。由于回收残膜的局限性，加上处理回收残膜不彻底，部分清理出的残膜弃于田地、水渠和林带中，影响生态环境，造成"视觉污染"。残膜还可能缠绕在犁头和播种机轮盘上，影响田间作业。

3. 农用地膜污染的防治技术与措施 随着农业生产对地膜需求的日益增加和应用范围的扩大，有效地开展地膜污染的防治工作已经成为必须认真对待的问题。根据过去20多年来的经验和教训，地膜污染的防治重点应该开展以下几方面的工作。

（1）提高地膜的质量，提高地膜回收率。已有试验结果表明，如果将目前广泛使用的 0.006～0.008mm 厚的地膜增加到 0.012mm，并添加一些抗老化物质，不仅可以延长地膜的使用寿命，提高其增温、保墒效果，而且有利于回收。

（2）结合生产实际，改进农艺技术，促进地膜回收。主要是把握时机，确定合理的揭膜时期和方法，如将作物收获后揭膜改变为收获前揭膜，并根据区域实际和作物生长特点，筛选作物的最佳揭膜期。

（3）加强地膜回收机的研究，促进和提高残膜的回收和利用。由于地膜应用范围和面积的扩大，人工回收已经变得越来越困难，机械回收残膜已经成为必然趋势。按照农艺要求和残膜回收时间，残膜回收机械可分为苗期揭膜机械、秋后回收机械、耕层内清捡机械和播前回收机械等不同类别。通过残膜回收机械的使用，并辅以人工捡拾，可以大大提高残膜回收率。

4. 膜下滴灌水稻的地膜回收机械简介　新疆棉田残膜回收技术应用始于 20 世纪 80 年代。经过多年的努力，国内虽然已研制出多种机型。但目前从整体上看，残膜回收机械的推广使用还不尽如人意，需要进一步解决。而这些机械，能用于膜下滴灌水稻的残膜回收机按照农艺要求和作业时间基本可分为两类：一是耕后残膜回收机具，二是秋后残膜回收机具。

（1）耕后残膜回收机具。

①集条系列残膜回收机，该系列残膜集条机有密齿单排、疏密两排齿（多排齿）等多种机型，用于播种前 5cm 土层内的残膜回收。它只能回收大块残膜，对碎膜则无能为力。

②CM-2.6 型地表残膜回收机，新疆生产建设兵团农六师芳草湖总场研制的 CM-2.6 型地表残膜回收机用 15kW 以上的小四轮半悬挂，主要适用于春播前耙塘保墒后待播地表面上残膜回收，可将地表深 1~3cm 土壤的残膜、秸秆收集起来，可以替代人工清洁大田，残膜回收率在 80% 以上，工作幅宽 3m，日工效 20hm² 以上。每公顷可收回残膜 52.5kg 左右。

③分流式平土残膜回收机，新疆生产建设兵团 130 团机械厂研制的 IPLM 分流式平土残膜回收机是在分流式平土框架基础上增加了回收残膜装置，其特点是平土、碎土、保墒、整地、耙地和自动脱卸残膜等同时进行，驾驶员一人操作就能完成平地、残膜回收联合作业，残膜回收率 80% 左右。

④清田整地联合作业机，塔里木大学研制的清田整地联合

作业机在犁地后、播种前作业，可一次完成清理残膜、残茬和碎土整地作业。工作时该机将耕地表层 10cm 内的残膜、残茬和部分土壤铲起，通过拖拉机动力传输带动振动筛将残膜、残茬分离并输送到集膜箱，同时完成碎土作业，达到良好的整地质量。由于该机关键部件为振动筛，因此，筛孔孔型的设计对于土壤类型的适应性有较大影响，在田间试验中也证实了这点。该机残膜收净率接近 90％。

（2）秋后残膜回收机具。

①气力式残膜回收机，塔里木农垦大学设计了气力式残膜回收机，残膜回收机由拖拉机牵引，动力输出轴驱动风机产生强气流。采用正压输送原理，气流管内高速气流压动输送管的气流流动，在吸嘴处产生负压，将地膜吸入输送管内。铲刀将覆压于地面的地膜铲起，以利于气流吸送。

②气吹式秋后残膜回收机，新疆农业大学设计了气吹式秋后残膜回收机，该机工作原理为起膜铲先将压在土壤内的地膜挑起，再由切膜辊将地膜切成约 13cm×20cm 的膜块，捡膜辊齿入土并向前运动，地表的膜被搂着向前运动，当捡膜辊齿转出地表时，由略向前弯的齿尖将膜块挑起，挑起的膜块在风机产生的气流作用下，经风道而吹至集膜袋。该机的主要特点是：膜的破损程度不影响回收机的性能，工作部件不易缠膜，收集到集膜袋内的残膜不会二次污染，且便于运输。

③勾拉式残膜清除机，塔里木大学设计了勾拉式残膜清除机，其主要工作部件是 J 形勾拉杆，其动作控制由桃型槽轮、星形转轮、控制轴和轮周轴完成。在田间作业时，圆切刀首先对土壤及地表残膜进行切割，目的是把大块残膜切成一定尺寸的小块，以利于后道工序作业，防止残膜太长或太宽缠绕在工作部件上。工作时，随着轮式拖拉机的行进，J 形勾拉杆插入

土表勾住残膜，平移一定距离后，J形勾拉杆做圆周运动提起残膜，运动到预定位置脱放残膜，胶板分离轮对J形勾拉杆脱放的残膜进行刮送。最后，残膜经由输送器输送至收集箱。

（三）膜下滴灌水稻栽培过程中的滴灌带回收

1. 滴灌带在使用过程中存在的问题　随着膜下滴灌技术在大田作物中的大面积采用，滴灌带的回收已成为人们迫切需要解决的问题。滴灌带的用量非常大，是滴灌作业中一项较大的投资。滴灌带不及时回收对作物的影响是很严重的，势必影响来年的使用，特别是多年使用的滴灌带，如果残存在土壤中将会影响土壤结构和作物生长。

2. 国内滴灌带回收机械现状　国内滴灌带回收机械主要由地轮、调速机构、机架、悬挂架、仿形机构、卷筒、变速装置和排管机构等组成。国内滴灌带回收机配套动力为轮式拖拉机，运输时由拖拉机悬挂，工作时由拖拉机牵引，回收机的地轮机构作为动力源，通过链传动、皮带传动等方式将动力分别传到卷筒及排管机构。近年来，以陈学庚院士团队为首的农机专家们研发了一款滴灌带回收专业机械，使回收率达到95％以上，为膜下滴灌水稻绿色可持续发展提供了装备保障。

第七章
膜下滴灌水稻病虫草害综合防治

一、膜下滴灌水稻病虫种类及防治

（一）膜下滴灌水稻病害种类及防治

水稻田由水作改为膜下滴灌旱作后，土壤透气性发生较大变化，氧化还原电位由负值转为正值。在此条件下，土壤铁、锌、磷有效性明显降低，水稻苗期容易发生缺铁黄化现象，造成死苗或苗期生长缓慢，影响分蘖，并造成较明显产量损失。从机理分析，土壤低温、铁有效性低、灌溉水中 HCO_3^- 浓度大，均是造成水稻黄化的原因。从对策分析，适当调后播期、土壤酸化和施用酸碱平衡剂或酸性肥料调节根系活力是主要的对策。

常规水田主要病害如稻瘟病、稻曲病、水稻纹枯病、水稻恶苗病、水稻条纹叶枯病和水稻白叶枯病等，在膜下滴灌条件下鲜有发生。

（二）膜下滴灌水稻虫害种类及防治

1. 稻飞虱　稻飞虱又称稻虱等，是水稻上的主要害虫。稻飞虱种类很多，但在北方稻区造成水稻损失的主要有褐飞虱、白背飞虱和灰飞虱3种。

（1）危害症状。稻飞虱均以成虫、若虫群集于稻丛下部，以刺吸式口器刺进水稻叶鞘和茎秆吸食汁液。水稻分蘖期受害，茎秆上出现不规则长形棕褐色斑点，严重时逐渐变黑，整株枯死。水稻孕穗期、抽穗期受害，叶片变黄，稻株矮小，茎秆黑而臭，不抽穗或抽出的穗呈褐色，籽粒空秕率高，甚至成为半枯穗或白穗。水稻乳熟期受害，叶灰，茎烂，形成不实穗，甚至成片倒伏枯死。危害严重时，稻丛基部变黑，整株枯萎倒伏，逐渐扩大成片，造成全田枯黄，导致严重减产或失收。灰飞虱还可传播水稻条纹叶枯病、黑条矮缩病等病毒病。

（2）发生特点。褐飞虱趋嫩绿、喜阴湿，长翅型成虫趋光性强。雌虫在下午或夜间产卵，抽穗前多产于叶鞘组织内，抽穗后则多产于叶片基部中脉组织内，具有很强的繁殖力，每头雌虫产卵 300～700 粒。水稻乳熟期至蜡熟期虫口密度最高，是水稻受害的主要时期。水稻密度过大，氮肥施用过多，导致水稻生长茂密嫩绿，茎叶徒长，后期贪青，田间郁闭，小气候阴凉多湿，有利于褐飞虱危害。

白背飞虱和褐飞虱生长危害时期不同，一般白背飞虱 7 月下旬至 8 月上旬盛发，危害水稻分蘖至拔节期、孕穗期；褐飞虱 8 月下旬至 9 月上旬盛发，危害水稻抽穗至灌浆期、乳熟期。白背飞虱的危害习性与褐飞虱相似。雌虫每头平均产卵 85 粒，每处 6～7 粒，呈单行排列，卵产于寄主组织表皮之下，除在水稻上产卵外，也喜在稗草上产卵。

灰飞虱在北方稻区一年发生 4～5 代，以若虫在稻根、枯叶下及土缝内越冬。主要危害苗期和分蘖期的稻苗，是水稻条纹叶枯病的主要传毒媒介。

（3）防治方法。

①农业防治。选育抗虫良种，加强栽培管理。合理密植，

注意氮肥、磷肥、钾肥合理施用，促进稻株生长，达到抑虫增产的目的。

②保护天敌。稻飞虱的天敌种类很多，如黑肩绿盲蝽、蜘蛛类等，通过保护利用天敌，对控制害虫危害有重要作用。

③药剂防治。根据田间虫情调查，狠抓早发田和虫源中心的挑治。目前，采用的药剂有：25%扑虱灵可湿性粉剂每亩用 25～30g，兑水 50～60kg 喷雾，该药剂防治稻飞虱有特效，而且对天敌安全，但见效慢，用药 3～5d 后若虫才大量死亡，因此应在低龄若虫始盛期用药，如田间成虫量大，可与叶蝉散等混用；也可用 10%叶蝉散可湿性粉剂每亩 200～250g，或用 25%速灭威可湿性粉剂每亩 100～150g，或 40%氧化乐果乳油每亩 100～150g，兑水 50～60kg 均匀喷施，也可用 70%艾美乐水分散粒剂，每亩 0.5～1g，兑水 15～30kg 喷雾。

2. 稻蓟马　稻蓟马俗称灰虫。我国主要稻区均有发生，除危害水稻外，还可危害小麦、玉米等作物。

（1）危害症状。主要在水稻生长前期危害，一般苗期和分蘖期受害最重。初孵若虫先迁移到心叶取食，随着心叶的生长，若虫部位逐渐上移，趋向叶尖，造成叶尖纵卷。叶尖卷曲枯黄，预示成虫即将发生。在纵卷的心叶内有数头至数百头，以口器锉伤嫩叶，吸取汁液。苗期受害，叶片出现白色小点或微孔，逐渐使稻叶枯黄卷缩，严重时成穴或成片稻苗发黄、枯死，状如火烧。扬花期受害，刺吸花粉汁液，造成秕谷。

（2）发生特点。每年可发生 9～11 代，以成虫在小麦、看麦娘等作物和禾本科杂草上越冬。5 月初至 7 月上旬发生 3～4 代。成虫白天多隐藏在纵卷的叶尖或心叶内，有的也可潜伏于叶鞘内，早晨、黄昏或阴天多在叶上活动，爬行迅速，有一定迁飞能力，能随气流扩散。雌成虫有趋嫩绿稻苗产卵的习性，水稻 3～5 叶期虫量集中，卵量最多。10 叶以后，组织老化，卵量下降。6 月下旬至 7 月中旬，在水稻分蘖盛期卵量最多。夏季高温（平均温度 27℃以上）干旱，成虫产卵少，孵化率低，发生轻。成虫和若虫都怕光和干旱，喜湿润环境。

（3）防治方法。①减少虫源基数。冬春期结合积肥，铲除田边杂草，清除地旁的枯枝落叶。②药剂防治。防治上要主攻若虫，盛孵期打药。苗期防治指标：百株有虫 100～200 头，或初卷叶尖率 10％～15％；壮苗期百株有虫 200～300 头或初卷叶尖率为 20％～30％。常用药剂有：每亩用 40％氧化乐果乳油 100mL 或 50％辛硫磷乳油 100mL，兑水 50～60kg 喷雾；或每亩用 70％艾美乐水分散粒剂 0.5～1g，兑水 15～30kg 喷雾。

3. 稻水象甲　稻水象甲是植物检疫对象，主要危害水稻、玉米、大麦、甘蔗及禾本科杂草。

（1）危害症状。成虫取食危害叶片，幼虫破坏根系，危害根部呈孔洞，导致植株黄化枯萎。

（2）发生特点。一年发生 2 代，以成虫在田边、草丛和树林落叶层中越冬。翌年春天，成虫开始取食杂草叶片或栖息在水稻、茭白等植株基部，黄昏时爬至叶片尖端，在水下的植物组织内产卵。初孵幼虫取食叶肉 1～3d，后落入水中，蛀入根内危害，老熟幼虫附着于根际化蛹。卵期 6～10d，幼虫期 30～40d，蛹期 7～14d。稻水象甲主要通过稻草等进行远距离传播，也可以成虫飞翔或借水流进行扩散蔓延。

（3）防治方法。①加强植物检疫工作。②农业防治。水稻收获后，及时翻耕，可消灭残留在稻茬或稻田土层中的成虫，以降低其越冬成活率。③药剂防治。可每亩施用 50％稻乐丰乳油 500mL，兑水 40～50kg 喷雾。一代成虫的趋光性和飞翔能力强，可于7月中旬至8月中旬在17：00～20：00用50%稻乐丰乳油每亩500mL，兑水40～50kg喷雾。

4. 稻水蝇 在新垦盐碱化稻区发生极为严重，该虫咬食水稻初生根及次生根，造成水稻幼苗发育不良或死亡。

（1）形态特征。成虫体长6～8mm，翅展8～10mm，体灰褐色至黑灰色，头部铅灰色。复眼密布黑短毛，顶有金绿色光泽，胸部背面紫蓝色。卵长0.5～0.7mm，近圆形，初乳白色，后变黄白。幼虫11节，土灰色，腹面4～11节，各有1对伪足，共8对。体表光滑，有刚毛。口针黑褐色，后端分叉。蛹为围蛹，羽化时蛹壳前端环状裂开，属环裂类，长8～10mm，宽2～3mm，体11节，圆筒形，初黄褐色，后变黄棕色或棕褐色。幼虫到蛹的过程中，其尾部伪足形成适合固定在水稻和杂草根、茎、叶上的环钩。

（2）发生特点。稻水蝇寄主有芦苇草、三棱草、稗草、野生稻、马唐、狗尾草、节节草和莎草等禾本科杂草。稻水蝇是盐碱地水稻苗期重要害虫。其幼虫危害蛀食刚露白的稻种，造成烂种；咬食水稻初生根和次生根，吸取汁液和营养，幼虫化蛹后，夹在稻根上严重影响水稻的正常发育。

水稻露白和立针期是主要受害时期。水稻分蘖时，根系扎稳地中、植株发育健壮，不再受害。而其又在稻田边杂草上繁殖。

稻水蝇喜欢集栖于水面脏泡沫层上、污水面上活动，凡有死水聚集的地方都有成虫活动。气温升高时尤其活跃，互相追逐交尾，取食水面上漂浮的腐败有机物并在漂浮物上产卵，水面漂浮物多的地方招引和聚集的成虫就多，产卵多，幼虫密度也大。

在死水坑、新开荒地、盐碱重稻田稻水蝇发生多。稻水蝇喜好盐碱，宜生活在 pH 为 7.5～9.0 的水中。pH 大于 9 的环境稻水蝇无法生存。

（3）防治方法。①基肥施用腐熟的肥料，尽量减少土表的肥量，恶化蝇蛆的营养条件。平地整地，拾净前茬作物秸秆，精耕细作，为幼苗扎根打下良好基础。加强田间管理。②对新开荒地和重盐地进行泡田洗碱，以降低 pH。勤排勤灌、变死水为活水，可冲洗盐碱，造成不利于蝇蛆生活环境。③选用苗期生长快、叶片坚挺直立、耐冷性强的品种，培育壮苗。④稻水蝇的主要天敌有青蛙、鱼类、蚂蚁、步行甲、蜘蛛和鸟类等，应保护利用天敌，防效较好。⑤于 5 月上旬第 1 代成虫盛发期，用 20％甲氰菊酯乳油 300～450mL/hm^2，兑水 750kg/hm^2 喷雾，可杀灭大量成虫，有效控制第 2 代虫量，减轻危害程度。

二、膜下滴灌水稻草害种类及防治

（一）稻田杂草的种类

我国所有稻作区的稻田，历来都有大量杂草发生。据统计，全国稻田杂草有 200 余种，其中发生普遍、危害严重、最常见的杂草约有 40 种。在这些主要杂草之中，尤以稗草发生与危害的面积最大，稗草不仅发生与危害的面积最大，它与水稻很难分清，不宜人工剔除，而且造成稻谷减产也最显著；异型莎草、鸭舌草、扁秆藨草、千金子和眼子菜等发生与危害面积次之。

对膜下滴灌水稻种植的西北和东北片区而言，杂草发生相比南方较轻。主要杂草有稗草、田旋花、苋菜、马齿苋、菟丝子、芦苇、牛毛毡和异型莎草等（图 7-1）。

稗 草 　　　　　　　　　　田旋花

马齿苋 　　　　　　　　　　苋 菜

图 7-1　危害膜下滴灌水稻杂草种类

（二）稻田杂草的危害

稻田杂草与作物争水、肥、光能，侵占地上和地下部空间，影响作物光合作用，干扰作物生长，降低粮食产量，影响产品质量；诱发和传播病虫害；增加农业生产费用；影响人畜健康；影响水利设施。

（三）膜下滴灌稻田杂草的消长规律

北方地区，一般 4 月中旬平均达到 7.3～10℃，有充足水分及氧气时稗草即开始萌发，4 月末到 5 月初部分出土，5 月末进入危害期；5 月末到 6 月初土层 10cm 深处，地温达 15℃时，苋菜、田旋花等杂草出土；6 月上中旬气温上升，马齿苋、田旋花、苋菜、菟丝子和芦苇等杂草开始大量发生，少有芦苇、牛毛毡和异型莎草。6月下旬至7月初进入危害期。稻田杂草发生高峰期，受温度、湿度和栽培措施的影响较大，多于播种后开始大量发生。就时间上划分，一般稻田杂草发生高峰期大致可以分为2次，第1次高峰在5月末至6月初，主要以稗草为主，占总发生量的45％～75％；第2次发生高峰在6月下旬至7月，为马齿苋、田旋花、菟丝子和苋菜等杂草的发生期。

（四）膜下滴灌稻田杂草的防除策略

杂草的综合防治有赖于减少杂草活力的措施。针对膜下滴灌水稻田杂草的发生，应坚持以农业防除为基础、农业防治与化学防除为重点的综合防治策略。以预防为主、综合防治为原则，以除早、除小为防治措施的原则，选择化学除草剂则以安全、高效、广谱、低毒、低残留、环保为原则。膜下滴灌水稻宜采用美国陶氏益农公司生产的高效低残留除草剂——稻杰。播种前采用土壤封闭处理，3～5d后可正常播种。

（五）农业防除

防除水稻田杂草，要实行以农业技术为主的综合防除措施，收效才较显著，必须在水稻的栽培管理过程中，把防除杂草的措施贯穿在农事操作的每一个环节，才能较好地防除杂草。农业防除是膜下滴灌水稻田杂草综合防除的基础。通过采取一切有效措施控制杂草的数量。农业防除的主要途径与措施包括：

1. 耕作除草　在水稻播种前，结合耕地整地，以诱发杂草，播种后15d左右，杂草萌发量达50％～80％时进行中耕，间隔几天再中耕，这样既可消灭大量杂草又可改善土壤通透性。秋冬季深翻，将大量草籽埋入深层土中，使其不能萌发。

2. 精选稻种　播种前，种子要进行清选，清除混杂在作物种子中的草籽，以杜绝田间杂草侵入源，压低杂草发生基数。

3. 以肥水控草　施足基肥，早施分蘖肥，促进稻苗早发快长，早日封行，控制下面光照，实行以苗压草。

4. 加强管理，人工除草　水稻生长中后期，及时拔除田间杂草，以减少第二年杂草的发生。

（六）化学防除

膜下滴灌水稻稻田杂草出草早，应针对稻田杂草发生特点，在杂草防除对策上必须结合化学药剂防除。化学防除是膜下滴灌水稻稻田杂草防除的重点。对膜下滴灌水稻田杂草的化学防除策略是狠抓前期，挑治中、后期。前期以防治稗草及一年生阔叶草和莎草科杂草为主；中后期则以防治苋菜、田旋花和阔叶草为主。具体的施药方式可以分为在播种前期和播种后前期进行。

1. 播种前化除　试验表明，以稻杰 100g/亩，配成药液于播种前 2～3d 喷施，可以有效防除稗草、一年生阔叶草和一年生莎草等杂草。

2. 进行土壤封闭处理　播种、覆土后，将药剂加水配成药液，用喷雾器均匀喷洒在土表，直接触杀萌发的幼芽与幼根，或者通过杂草根系的吸收传导，达到杀草的目的。

3. 苗期化除　稻苗出土后如有杂草或者因为播种时土壤封闭不理想仍有杂草时，可以采用茎叶喷雾处理，一般多要求在杂草 3 叶期以前选择无风的早上或者下午，将稻杰 70 mL/亩与苯磺隆 30g/亩兑水喷雾，药剂直接喷洒到杂草的茎叶上，通过茎叶的吸收起作用。因为在杂草 3 叶期以前施药时，杂草的敏感期和除草剂的药效高峰期相吻合，易收到较好的除草效果。

4. 喷雾化除 对于芦苇发生比较严重的地块，可以用 20％二甲四氯进行喷雾。

5. 稗草的防除 根据稗草生物学特性及发生规律，采用如下防除措施（下列配方任选其一）：一是每亩用 20％敌稗乳油 250～350mL 与 96％禾大壮乳油 150mL 混合兑 40kg 水喷雾。二是每亩用 96％禾大壮乳油 150mL 加 48％苯达松 100mL，兑 40kg 水，排水后喷洒，1d 后复水。

6. 牦毡的防除 牛毛毡俗名松毛蔺、猫毛草。属莎草科多年生沼生杂草，多生于稻田及周围湿地或河滩湿处，与异型莎草等伴生，在水稻生长中后期危害水稻。牛毛毡个体虽小，但繁殖力强，蔓延速度极快，形成一层绿色"地毯"，严重影响水稻生长。牛毛毡的防治在水稻分蘖盛期选用下列方法之一处理：一是每亩用 48％苯达松水剂 100～200mL 加 20kg 水喷洒。二是每亩用 70％二甲四氯钠盐 50～100g 加水 20kg 喷洒。三是每亩用二甲四氯钠盐 50g 加 48％苯达松水剂 100mL 加 20kg 水喷洒。

（七）化学防治的药害及预防

由于除草剂的误用、过量使用、使用时期不当、长效除草剂残留、土质与人为管理方面的因素，经常发生除草剂药害。常见的药害原因及表现有：由于在低温、稻株发育不良的条件下使用激素型除草剂（如二甲四氯、2，4-D 丁酯）造成水稻葱管叶、株型开张，根生长及分蘖受到抑制。在高温或沙土及沙壤土吸附能力小的田块、弱苗或稻株发育不良的条件下使用均三氮苯类除草剂（如西草净、扑草净和戊草净）造成水稻从下叶由叶尖开始枯黄，抑制分蘖，主茎新叶枯黄，进而全株枯死。酰胺类除草剂使用前后 10d 内使用有机磷类及氨基甲酸酯类农药，水稻产生叶尖枯黄凋萎并迅速蔓延至整个叶片枯死。过量使用农思它水稻呈现叶片斑枯、心叶枯死、生长受严重抑制状。

预防药害发生的重要措施是：避免过量使用，根据土壤与气候条件，调节好用药量；正确掌握用药适期；调节好喷雾器械，均匀喷雾；喷药后彻底清洗喷雾器械；施用长效除草剂后，合理安排后茬作物。

（八）化学防治的注意事项

播种后前期是各种杂草种子的集中萌发期，此时用药容易获得显著效果。但这一时期水稻即将进入分蘖期，因此使用除草剂的技术要求严格，防止产生药害。此外，还应根据不同药剂的特点、不同地区的气候而确定适当施药时间。药剂安全性好或施药时间气温较高、杂草发芽和水稻扎根较快时，可以提前施药；反之，则适当延后。水稻生长的中后期，如有稗草、苋菜和菟丝子等杂草发生，可于水稻分蘖盛期至末期施用除草剂进行防治。总之，化学防治一定要在杂草发生的前期进行，而且要高效、低毒、低残留，以此来保证水稻的品质安全。

第八章

膜下滴灌水稻品质综合性状分析

一、膜下滴灌水稻优质品种
筛选及评价指标

抽穗扬花期水分胁迫下水稻生理反应与品种抗旱性关系，不同水稻品种适应干旱的方式多种多样，具有不同的抗旱机制或多种抗旱机制共同发挥作用。开花期水稻中维生素 C、游离氨基酸、MDA 含量和超氧化物歧化酶活性的相对值与品种抗旱性有显著或极显著相关性。因此，膜下滴灌水稻在开花期通过测定以上几个指标，利用所建立的回归方程通过各指标的相对值使各品种的抗旱性得以量化，不仅使水稻开花期抗旱性的预测更简捷、快速，而且使抗旱性鉴定与利用研究具有预见性。

（一）膜下滴灌水稻的农艺性状相关性

通过对采用膜下滴灌技术种植的 15 个品种（系）的主要农艺性状进行分析，并运用相关分析法和主成分分析法研究了各农艺性状间的关系。结果表明，单株有效穗、单穗实粒数与产量呈正相关。通过对主成分分析，前 3 个主成分值累计贡献率达 74.13%，并以株高、实粒数和穗长的分量值较高。因此，产量的提高必须主要依靠提高单株有效穗数。所以，在膜下滴灌水稻育种中，适当偏重选择单株有效穗多的材料就可增加选育出单株产量高水稻品种（系）的概率。

（二）膜下滴灌水稻籽粒淀粉理化特性研究

为持续提高膜下滴灌水稻的稻米品质，天业农业研究所对6个膜下滴灌品种籽粒大米吸水率、延伸率和米粉的膨胀势与黏度特性。结果表明，品种 T-14 籽粒淀粉理化特性的综合性状最优，其外观品质、蒸煮品质和食味品质综合评价最高；大米吸水率、大米延伸率和米粉黏度特性这 3 个理化指标与膜下滴灌水稻的稻米品质密切相关。

对膜下滴灌水稻 6 个品种的大米吸水率、大米延伸率、籽粒米粉膨胀势以及黏度特性进行了测定。结果表明，品种 T-14籽粒淀粉理化特性的综合性状最优，其外观品质、蒸煮品质和食味品质综合评价最高。同时，筛选出了大米吸水率、大米延伸率和米粉黏度特性这 3 个与品质密切相关的理化指标，为今后优质水稻品种的筛选提供科学依据。

二、膜下滴灌水稻碾米品质与外观品质研究

（一）膜下滴灌水稻碾米品质和外观品质国内外研究现状

1. 水稻碾米品质和外观品质国外研究现状 国外稻米品质研究起步较早，泰国、美国等国家制定出了大米品质标准，国际水稻研究所、日本水稻研究机构都把稻米品质机制研究作为主要研究目标。日本在稻米品质评价方法上，还提出了如下5 种新方法：流液图解法、用显微镜观察饭粒、稻米细胞壁的构造、直链和支链淀粉的构造等。

2. 水稻碾米品质和外观品质国内研究现状　稻米品质是指从稻谷生产到加工成直接消费品的全部过程中作为粮食或商品的各种特性。关于食用稻米品质，对于稻米品质的评价目前国内外尚无统一标准，但是国内外评价指标基本相同，一般分为：①加工品质（碾米品质）：主要包括糙米率、精米率和整精米率；②外观品质：主要包括粒型、粒长、长宽比、垩白率、垩白度和透明度；③蒸煮及食味品质：主要包括糊化温度、直链淀粉含量、胶稠度、米饭质地和食味；④营养品质：主要指精米的蛋白质含量、赖氨酸含量和脂肪酸含量等指标。

水稻优质品种很多。然而，由于气候、土壤、管理水平的差异，产量、品质、抗病性和适应性存在着较大的差异，部分地区高产和优质不能兼顾，甚至表现出产量低、抗病性能差和易倒伏等现象，生产出来的优质米与国内外同类产品相比还有一定的差距，达不到市场的要求。

（二）膜下滴灌水稻碾米品质及外观品质的含义

水稻膜下滴灌种植属新疆天业（集团）有限公司首创。"十二五"以来，新疆天业（集团）有限公司对膜下滴灌水稻技术开展了初步的探索，积累了膜下滴灌水稻种植的一些经验。膜下滴灌水稻节水栽培技术，是将水稻栽培与先进的膜下滴灌技术结合起来，突破了传统种植水稻的"水作"方式，全生育期无水层、不起垄，并采用直播机械技术，达到节水、省地、全程机械化作业。

稻米品质是一个综合性的概念，在不同的国家和地区，人们对稻米品质的爱好和要求不尽相同。因此，评价稻米品质的指标体系也不尽相同。在我国，稻米品质的指标体系主要包括碾磨品质、外观品质、蒸煮品质和营养品质。

1. 稻米碾磨品质

（1）出糙率（或糙米率）指干净的稻谷经出糙机脱去谷壳后的糙米重量占稻谷试样重量的百分率。

（2）精米率是由糙米经精米机碾磨加工后除去糠层（包括果皮和糊粉层）和种胚后，再经直径 1.0mm 圆孔筛筛去米糠所得的精米重量占稻谷试样重量的百分率。

（3）整精米率是指精米试样中完整的整粒精米重量占试样重量的百分率。

2. 稻米外观品质　指米粒的形状、大小、透明度和垩白（又称心白、腹白）大小等。

（1）垩白是米粒胚乳中不透明、疏松的白色部分。垩白是胚乳充实不良引起的空隙导致光的散射，外观上形成白色的不透明区。垩白多的品种，米质较差，因垩白部分组织疏松，碾米时易形成碎米，出米率低。依其位置不同可将垩白分为腹白、心白和背白（分别在米粒腹部、中心部和背部）。根据垩白影响稻米外观的情况，常用垩白粒率和垩白大小两个项目评价。凡垩白粒率高、垩白大的稻米品质就较差。一般来说，无垩白而米粒透明和垩白粒率少、垩白小而半透明的稻米品质优良。

（2）透明度分为透明、半透明和不透明 3 种。

（3）米粒长度是指整粒精米的平均长度。

（4）米粒形状用整精米粒的长度与宽度之比值表示。

不论稻米的生产者、经营者还是消费者，都较重视稻米碾磨品质和外观品质，它是确定稻米价格的重要依据之一，也是水稻优质育种的重要性状。

（三）影响膜下滴灌水稻碾米品质和外观品质的因素

稻米品质的形成是基因型与环境条件互作的结果，气候条件、土壤水分、肥料成分及施用量、施用时期、种植季节等因素对稻米的遗传品质皆有饰变作用。其中，从遗传角度来看，垩白粒率、垩白面积和垩白度 3 项指标以及直链淀粉含量均是由多基因控制并存在细胞质影响；蛋白质含量是由多基因控制的性状。气候条件对稻米品质的影响很大，现已明确纬度、海拔等地理环境不同，稻米品质有差异，气温对稻米品质的影响存在基因型和环境的互作。

　　从 2010 年开始，天业农业研究所对膜下滴灌水稻碾米品质和外观品质的一些影响因素进行了研究。结实期温度、品种对膜下滴灌水稻具有较大影响，稻谷不同水分含量、播期和收获期等有一定影响，机械收获方式、肥料施用量等都有影响。

1. 影响膜下滴灌水稻碾米品质因素

　　（1）结实期温度对膜下滴灌水稻碾米品质的影响。优质食用稻稻米整精米率主要受其遗传基因控制，但环境因素对稻米整精米率也有很大影响。在诸多环境因子中，灌浆结实期日平均温度是影响优质食用稻籽粒灌浆速度和整精米率的主导因子，水稻的安全结实下限温度为 21.5℃，低于下限温度结实率下降。籽粒灌浆后 20d 的日平均温度是确定籽粒灌浆前期、中期、后期速度的主要因素，确定滴灌水稻籽粒灌浆后 20d 的日平均温度是促进其稻米整精米率最高、增产效益最好的手段之一。优质食用稻籽粒灌浆前、中期速度与整精米率呈负相关趋势，后期速度与整精米率呈正相关趋势。适龄移栽，其稻米整精米率最高，增产效益也最明显。

　　（2）稻谷不同品种对膜下滴灌水稻碾米品质的影响。优质品种选择直接决定优质稻米的品质优劣，品种是影响稻谷品质和稻谷产量决定性因素，是内因。不同水稻品种的遗传基因不同，决定了稻米的粒形、淀粉、性质、食味品质、营养品质的差异及对栽培技术措施要求。

（3）稻谷不同水分含量对膜下滴灌水稻碾米品质的影响。大米的加工品质一方面由其自身的遗传特性决定，这样生产者就要选择品质优良的稻种；另一方面，加工品质还受栽培（氮肥的施用）、气候（收获时的连续阴雨）、晒干方式和谷粒水分含量等的影响。整精米率与干燥速率及干燥温度的关系、收获时间对整精米率的影响等均有报道，对膜下滴灌水稻碾米时谷粒水分含量与整精米率的关系报道尚少。然而，因各地条件不尽相同，结果也有差别，规定的水分含量为13％左右，不太注重大米的整精米率。因此，对人为易控制的谷粒水分含量对整精米率的影响进行研究是有必要的。后期的管理与收获时间和收获方式影响水稻的品质。

①糙米重。不同水分含量的不同品种，糙米重差异不大，但精米重的差异较大。从而，可以认为谷粒间水分含量的最大差别在于糙米内部而不在谷壳上。虽然谷壳的厚薄品种间存在一定的差异，但这种差异较小，故而对糙米重的影响也较小。

②精米重。精米重无论在品种间还是在谷粒水分含量间，差异均较大。水分含量间的差异幅度因品种而异。

③整精米率。整精米率一方面由水稻自身的遗传特性决定，因为品种间的差异极显著；另一方面还与外部因素有关，特别是碾米时的水分含量，关系十分密切。

（4）不同播期对膜下滴灌水稻碾米品质的影响。为了配合膜下滴灌水稻节水研究，通过播期推迟，缩短水稻的全生育期，在不减产的情况下达到节水的目的。同时，通过本项研究可以明确水稻产量和品质的形成机理，详细解释籽粒灌浆特性及其与产量和品质的关系，进一步了解水稻内源多胺类物质和光合特性等生理指标对产量和品质构成的影响，从而找出一些规律来指导栽培技术手段的实施。这对满足我国人民食物结构调整的需要及增加稻米生产的国际市场竞争力和整体经济利益，都有着重大的现实意义和长远意义。此项研究还能提高复种指数，有针对性地发掘出适应新疆地区的高产优质水稻品种，并较为深入地研究播期对不同粳稻品种产量和品质的影响，发现规律，这对缓解水资源紧张、选育高产优质水稻品种具有重要的意义。

（5）不同收获时期对膜下滴灌水稻糙米品质的影响。遗传因素和栽培环境因素，二者均通过物质生产等过程得以表达，通过水肥运筹和栽培模式的角度研究稻米品质的影响因素较为普遍，而从收获时期进行研究的也较为多见。

①不同收获时期对千粒重的影响。T-43 随着收获期的推迟总体呈上升趋势，到第四次（齐穗后 53d）后基本达到平稳状态；T-04 总体表现差异不大，均在 24g 上下。T-69 在第三次收获（齐穗后 47d）时千粒重最重达到了 25.98g（图 8-1）。说明不同的品种在膜下滴灌条件下收获时间对千粒重有影响。

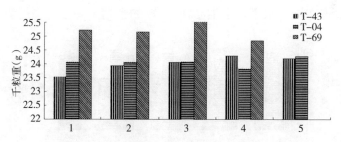

图 8-1　不同收获时期对膜下滴灌稻千粒重的影响
注：1. 第一次收获；2. 第二次收获；3. 第三次收获；
4. 第四次收获；5. 第五次收获。

②不同收获时期对稻米精米率的影响。由图 8-2 可以看出，随着收获期的推迟，膜下滴灌水稻稻米 T-04 和 T-43 精米率整体走向是先升高，升高到一定值后，表现为稳定值，而后开始下降，在第二次收获到第四次收获，T-43 在齐穗后 47～53d，T-04 在齐穗后 45～51d，精米率基本保持在同一水平，在第五次收获（T-43 在齐穗后 56d，T-04 在齐穗后 54d）时精米率呈下降趋势，特别是 T-43 趋势明显。

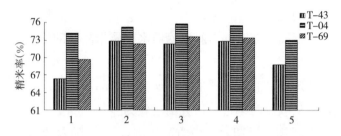

图 8-2　不同收获时期对膜下滴灌水稻精米率的影响

注：1. 第一次收获；2. 第二次收获；3. 第三次收获；
4. 第四次收获；5. 第五次收获。

③不同收获时期对稻米整精米率的影响。由图 8-3 可以看出，水稻品种 T-43 随着收获期的推迟整体趋势是先上升而后达到一个平稳值；水稻品种 T-04 随着收获期的推迟，整精米率表现在同一水平；水稻品种 T-69 的整精米率呈下降趋势。

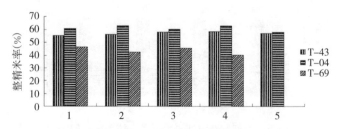

图 8-3　不同收获时期对膜下滴灌水稻整精米率的影响

注：1. 第一次收获；2. 第二次收获；3. 第三次收获；
4. 第四次收获；5. 第五次收获。

（6）不同施肥量对膜下滴灌水稻碾米品质的影响。稻米加工品质与肥料密切相关，科学合理运筹肥料是提高稻米品质的重要环节。水稻糙米率，与品种、氮、磷和钾四因素之间存在互作效应，氮、磷、钾之间，氮与磷、磷与钾之间存在显著的互作效应。精米率，品种、氮、磷、钾效应均达到极显著水平，品种与磷之间存在极显著互作效应，品种与钾之间互作显著，氮、磷、钾相互之间均存在极显著相关关系。整精米率，四因素效应均极显著，品种与钾互作显著、与磷互作极显著，钾与氮、磷之间互作均为极显著水平。

2. 影响膜下滴灌水稻外观品质的因素

（1）结实期温度对膜下滴灌水稻观品质的影响。对水稻产量和品质形成的适宜温度、温度影响时段以及温度胁迫下水稻生理生化特征等方面进行了梳理。灌浆初期（齐穗后 20d）是温度影响水稻产量和品质形成的关键时期，适温（21～26℃）有利于水稻灌浆和淀粉的充实与沉积，过高或过低温度均不利于提高水稻产量和品质。

（2）稻谷不同水分含量对膜下滴灌水稻外观品质的影响。垩白性状是外观品质好坏的重要因素。不同收获时间直收与割晒对水稻垩白粒率的影响较大。

（3）不同收获时间对水稻外观品质的影响。外观品质好坏的重要因素是垩白性状。垩白是稻米胚乳中不透明部分的总称，是由于胚乳中淀粉和蛋白质颗粒填塞疏松充气而形成光散射所致。从不同收获时间对水稻垩白粒率和垩白度的影响（图 8-4、图 8-5）可以看出，随着收获时间的延迟，垩白粒率和垩白度值都在降低。特别是 T-04 随着收获时间的推迟垩白粒率明显降低。

T-43 随着收获期的推迟，千粒重在增大，但是增长浮动

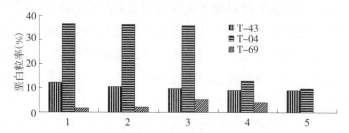

图8-4　不同收获时期对膜下滴灌水稻垩白粒率的影响

注：1. 第一次收获；2. 第二次收获；3. 第三次收获；

4. 第四次收获；5. 第五次收获。

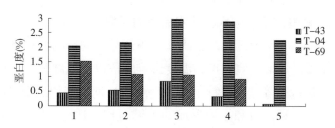

图8-5　不同收获时期对膜下滴灌水稻垩白度的影响

注：1. 第一次收获；2. 第二次收获；3. 第三次收获；

4. 第四次收获；5. 第五次收获。

小，从23.5g上升到24.5g。T-04在齐穗后42d收获的千粒重变化浮动最小，均在24g左右。从整体情况来看，T-69的千粒重受收获时期影响最大，选择在齐穗后47d收获，千粒重最重，达到26g。所以，T-43应该选在齐穗后48～56d收获，T-04选在齐穗后50～54d收获适宜。

从调查结果看，T-43在齐穗后51d收获、T-04在齐穗后48d收获、T-69在齐穗后50d收获时，糙米率、精米率值最高。

在整精米率方面，T-43随着收获时间的推迟，变化浮动不大，在55.5～57.5g；T-04随着收获时间的推迟，整精米率值越高，但在齐穗后51d收获，整精米率数值有所降低；T-69

变化大，变化浮动在 40～45.5g。

从垩白度和垩白率调查的数据可以看出，收获期推迟可明显降低两者的数值，从提高外观品质角度来讲，3 个品种可适当推后收获时间。其中，水稻品种 T-04 要达到国家标准的要求必须在齐穗后 51d 收获方可。综合因素考虑，水稻品种 T-43 最佳收获时期是齐穗后 47～53d，T-04 的最佳收获期是齐穗后 45～51d，T-69 的最佳收获期是齐穗后 39d 就收获。

（4）稻谷不同施肥量对膜下滴灌水稻外观品质的影响。稻米外观品质与肥料密切相关，科学合理运筹肥料是提高稻米品质的重要环节。垩白粒率、品种和氮效应为极显著，磷为显著，钾不显著，品种与氮之间的互作达极显著水平，氮与磷之间存在极显著的互作效应。垩白大小、品种和氮效应达到极显著水平，其他效应未达显著水平。垩白度、品种、氮效应达极显著水平，品种与氮互作极显著。从以上分析可以看出，稻米的加工品质（糙米率、精米率、整精米率）受品种、氮、磷、钾 4 个因素主效应影响，稻米的外观品质（垩白粒率、垩白大小、垩白度）受品种、氮两因素影响较大，受磷、钾影响不大，品种与氮肥协同作用对稻米的外观品质有一定的影响。

（四）膜下滴灌水稻碾米品质和外观品质的评价指标

1. 碾米品质　如表 8-1 所示，衡量碾米品质的指标主要有出糙米率、精米率和整精米率。出糙率、精米率和整精米率的计算都以与被测稻谷试样重量的百分比表示。糙米是指脱去谷壳的谷粒。出糙米率分三级：一级糙米率为 81% 以上，二级为 79% 以上，三级为 77% 以上。整精米率是指整粒而无破碎的精米粒。分三级：一级为 66% 以上，二级为 64% 以上，三级

表 8-1 优质稻谷检测标准 (GB/T 17891—1999)

类别	等级	出糙率 (%)	整精米率 (%)	垩白粒率 (%)	垩白度 (%)	直链淀粉(干基) (%)	食味品质评分	胶稠度 (mm)	粒型(长宽比)	不完善粒 (%)	异品种粒 (%)	黄粒米 (%)	杂质 (%)	水分 (%)	色泽气味
粳稻谷	1	≥81	≥66	≤10	≤1	15.0~18.0	≥9	≥80	—	≤2	≤1	≤0.5	≤1	≤14.5	正常
	2	≥79	≥64	≤20	≤3	15.0~19.0	≥8	≥70	—	≤3	≤2	≤0.5	≤1	≤14.5	正常
	3	≥77	≥62	≤30	≤5	15.0~20.0	≥7	≥60	—	≤5	≤3	≤0.5	≤1	≤14.5	正常

为 62％以上。

2. 外观品质　外观品质也称商品品质，一般指精米的形状、垩白性状、垩白度、透明度和大小等外表物理特性。当然，与碾米品质有关的指标也影响到稻米的外观品质。

三、膜下滴灌水稻理化品质和蒸煮食味品质研究

（一）膜下滴灌水稻理化品质

水稻是世界上重要的粮食作物，约为 30 亿人提供了35％～60％的饮食热量。所以，不断提高水稻产量和品质一直是水稻研究者的共同目标。随着生活水平的逐渐提高以及人们对食品安全的重视，消费市场和国际贸易对稻米品质的要求逐年提高。长期以来，科技工作者对水稻的研究主要集中在高产攻关上，对品质也只侧重外观品质、食味品质和蛋白质含量的研究，对理化品质研究的很少，而理化品质决定了外观品质、食味品质和营养品质。因此，膜下滴灌水稻理化品质研究尤为重要。

1. 大米吸水率与延伸率　大米的吸水率是其蒸煮品质的一个外在反映，粳稻的吸水率范围为 25.51％～31.69％，平均值一般在 28.13％，吸水率高的粳米口感较柔，食味较好。吸水率测定结果表明，品种 T-43 和 T-14 大米吸水率显著高于品种 T-20 和 T-04 的，并且高于粳稻吸水率的平均水平；而 T-20 和 T-04 的大米吸水率低于粳稻的吸水率的最低水平（表 8-2）。测试结果可以预测到，大米食味品质表现为：T-43 和 T-14＞一般粳稻＞最差粳稻＞T-20 和 T-04。

表 8-2　大米吸水率与延伸率测定分析

品种	吸水率均值±标准差（%）	延伸率均值±标准差（%）
T-43	29.26±0.42 a	168.2±6.0 b
T-14	28.80±0.76 a	181.5±4.7 a
T-20	25.12±1.08 b	166.7±5.6 b
T-04	24.25±0.63 b	150.3±4.3 c

注：同一列数据中，小写字母表示在 0.05 水平上差异显著。

米粒延伸率是大米蒸煮成米饭后的纵向伸展能力，可在一定程度上描述饭粒形状，并综合反映大米的外观品质和蒸煮品质。米粒纵向延伸长而横行膨胀少的大米被认为食味品质优良，其米饭不易黏结和断裂。粳稻的米粒延伸范围在 154.0%～190.0%，平均值为 170.7%。延伸率测试的结果显示，品种 T-14 显著高于 T-43 和 T-20，而 T-43 和 T-20 皆显著高于 T-04。但是，只有品种 T-14 的延伸率高于粳稻的平均水平，品种 T-04 的延伸率则低于粳稻延伸率的最低水平（表 8-2）。测试结果可预测到，大米的外观和食味品质表现为：T-14＞一般粳稻＞T-43 和 T-20＞最差粳稻＞T-04。

2. 米粉膨胀势分析　米粉膨胀势是反映淀粉吸水受热后结合与固定水的能力，是大米粉蒸煮品质的外在体现，在一定范围，膨胀势与米粉的品质呈正相关。表 8-3 显示，T-14 的膨胀势显著高于其他 3 个品种，T-43 和 T-04 的膨胀势无显著差异，T-20 的膨胀势显著低于以上 2 个品种，4 个水稻品种的变幅范围差值均小于 3。因此，4 个品种加工成米粉的品质表现为：T-14＞T-43 和 T-04＞T-20。

表 8-3　水稻米粉膨胀势测定分析

品种	膨胀势均值±标准差	变幅范围	显著性
T-14	12.20±1.24	11.08~13.55	a
T-43	9.47±1.50	9.05~10.32	b
T-04	9.28±1.95	8.94~11.02	b
T-20	7.09±2.14	6.54~8.21	c

注：同一列数据中，小写字母表示在 0.05 水平上差异显著。

3. 米粉黏度 RVA 谱特征值分析　粳稻淀粉的黏度特性与米饭的质地之间存在较为密切的关系，是影响粳稻蒸煮食味品质的重要因素。表 8-4 显示，T-43 和 T-14 的峰值黏度显著高于品种 T-20 和 T-04，说明 T-43 和 T-14 水稻籽粒淀粉的膨胀能力大于后两者。热浆黏度测定结果表明：品种 T-43 的热浆黏度显著高于其他 3 个品种，且这 3 个品种间无显著性差异，这说明 T-43 淀粉在高温下的耐剪切能力强于后三者，T-20、T-04 和 T-14 淀粉的耐剪切能力无显著差异。冷凝黏度测试结果与热浆黏度结果显著性表现一致，说明淀粉的凝胶能力也是 T-43 显著高于后三者（表 8-4）。

表 8-4　水稻米粉黏度分析

品种	峰值黏度	热浆黏度	冷胶黏度	崩解值	消减值
T-43	262.38 a	180.60 a	298.63 a	81.78 b	36.25 b
T-14	258.57 a	156.45 b	276.26 b	102.12 a	17.69 c
T-20	231.79 b	148.53 b	285.44 b	63.26 c	73.65 b
T-04	199.38 b	145.62 b	281.52 b	53.76 c	82.14 a

注：同一列数据中，小写字母表示在 0.05 水平上差异显著。

崩解值等于峰值黏度与热浆黏度的差值，反映了淀粉粒破碎后米胶损失的黏度值。崩解值的测试结果表明，T-14 的显著高于品种 T-43 的，而 T-43 的显著高于其他 2 个水稻品种的崩解值，说明水稻品种 T-14 淀粉粒破裂后米胶损失的黏度值最大，显著高于其他 3 个品种。消减值是冷胶黏度与最高黏度的差值，可以预测米饭的硬度，其值越高，则米饭质地越硬。消减值的测试结果表明，T-20 和 T-04 的值显著高于其他 2 个品种的，而 T-14 又显著低于 T-43 的，这表明 T-43 品种米饭的质地较软，适口性好。大量研究结果表明：选取的供试品种 T-14，属于食味品质较好的稻米品种，T-43 的食味品质次之，其他 2 个品种的食味品质比较差。

膜下滴灌水稻栽培技术是由新疆天业（集团）有限公司通过 10 多年的科学攻关，探索出一套世界首创的高产、高效、优质、生态的膜下滴灌水稻现代化栽培技术，该技术的突破可以大幅度提高水肥利用率，改变传统水稻田的施肥、施药方式，降低肥料和农药对环境造成的危害，显著减少甲烷气体排放。同时，滴灌平台的建立大幅度降低劳动强度，将农民从繁重的水田生产中解放出来。膜下滴灌水稻技术目前已经在新疆、宁夏、江苏、黑龙江、陕西、内蒙古、甘肃、吉林和上海等地推广，累计示范推广超过 500 万亩，平均产量在 550～700kg/亩，经济效益可观。

然而，随着膜下滴灌技术推广面积的不断扩大，稻米品质会越来越受到重视。栽培条件的大幅度变化会使稻米的品质随之发生改变。研究选取了膜下栽培条件下 4 个粳稻常规品种收获的种子籽粒，测定了大米吸水率、延伸率以及米粉的膨胀势能和黏度特性指标，旨在确定与膜下滴灌水稻稻米品质密切相关的理化指标。前人对常规水田栽培稻研究认为，稻米的食味品质和外观品质主要取决于直链淀粉含量、胶稠度、糊化温度和稻米淀粉黏滞特征这 4 个与稻米蒸煮品质密切相关的指标。研究结果表明：膜下滴灌水稻的外观品质和食味品质与大米吸水率、延伸率和黏度特性相关性很高，与米粉膨胀势相关性一般；4 个适宜膜下滴灌栽培技术的水稻品种仅有 1 个品质优良。产生这个结果的因素可能与水稻栽培环境的变化有关，膜下滴灌水稻整个生育期不建立水层，灌层的温度在灌浆期会忽高，影响了淀粉的合成质量。张国发等研究指出，稻米的黏度特性、垩白、吸水率和延伸率等受高温影响较大。李健陵等研究结果表明，当天最高温度达 35℃ 以上时，水稻的产量和品质，尤其是乳熟期比蜡熟期影响更严重。杨永杰等研究表明，水稻灌层高温会影响籽粒淀粉酶的活性继而导致淀粉合成质量的下降，最终影响到稻米品质。段骅等研究表明，高温胁迫下水稻籽粒灌浆速率加快、光合效率下降、膜系统机能损伤、根系活力降低、茎鞘物质转运受阻、胚乳中淀粉结构、胚乳细胞相关酶的生理活性变化等生理因素均受到严重影响，导致了稻米品质变劣。

膜下滴灌水稻技术能按照水稻的需水规律及时补充根系水分，提高了水稻的水分利用效率，但没有水层满足不了水稻的生态需水。灌层的温度在夏季中午高温时也不能得到缓解，所以会产生稻米品质下降问题。如何控制膜下滴灌水稻灌浆期灌层温度，并满足水稻生长的生态缺水是今后提高稻米品质的一个重要途径。

研究结果表明，品种 T-14 籽粒淀粉理化特性的综合性状最优，其外观品质、蒸煮品质和食味品质综合评价最高。同时，研究筛选出了大米吸水率、大米延伸率和米粉黏度特性这 3 个与品质密切相关的理化指标，为今后优质水稻品种的筛选提供了科学依据。

(二)膜下滴灌水稻蒸煮食味品质

膜下滴灌水稻蒸煮食味品质的感官评价项目与常规水田水稻或旱作稻米一样，包括米饭的外观（粒形、白度、光泽）、香气、甜度、口感（硬度、黏度、弹性和平衡度）、冷饭质地综合评价。米饭的风味受品种、产地（地形、地质、水质）、气候（温度、日照和降水量）、收获期及干燥、加工、煮饭方法等因素影响。

1. 米饭感官食味评价　米饭感官食味评价方法属于相对评价法，选择适合的品种在特定的地域种植，用安全清洁的水源会生产出优质稻米。然后，用标准办法蒸煮的米饭组织同行专家进行品尝评价，最后由专家汇总评分的结果。一般认为，感官评定结果通常为北方低温稻区所产稻米食味品质变幅为$66.67 \sim 82.11$，海南高温稻区则为$64.23 \sim 79.99$，南北两地稻米食味品质间存在显著差异（$P < 0.05$）。化学分析表明，海南稻区稻米的蛋白质含量高于北方稻区稻米（$P < 0.01$）。北方稻区稻米蛋白质含量在$6.23\% \sim 8.99\%$，海南稻区为$6.78\% \sim 11.19\%$，表明同一品种稻米高温环境有利于蛋白质的累积。

2. 米饭食味计食味值　米饭食味计值测定值是指将稻米按照规程碾米的精米经大米食味测定仪测定的数值。一般研究认为，蛋白质含量越高，稻米的口感越差。因此，选育出蛋白质含量低于6.0%的水稻品种是改善食味品质的一个重要途径。

第九章

膜下滴灌水稻栽培综合效益分析

一、膜下滴灌水稻的技术优势

新疆天业（集团）有限公司经过 10 多年试验，研究出膜下滴灌水稻栽培的新方法，已获国家发明专利，改变了"水稻水作"的传统种植方式，实现了水稻全生育期田间无水层。膜下滴灌水稻种植比新疆传统水稻种植节水 60.7%、节肥 10.4%，土地利用率提高 10%，有利于减少甲烷温室气体的排放，减少化肥和农药对环境的污染，是一种优质高产、绿色生态、环境友好的全程机械化栽培方法。

（一）技术优势

1. 提高水稻节水能力，增加农民收益 膜下滴灌水稻种植技术比常规水田种植水稻节水 60% 以上（以石河子为例，传统水田全生育期耗水 2 000～2 500m³/亩，膜下滴灌水稻全生育期耗水 700～750m³/亩）。通过节省的水费、劳力费等减去滴灌器材的投入，仅节支每亩地可增加经济效益 200 元。既降低灌溉成本，也减轻水费负担，不仅增产，还增收。膜下滴灌水稻机械播种见图 9-1，传统水稻人工插秧见图 9-2。

图 9-1　膜下滴灌水稻机械播种

图 9-2　传统水稻人工插秧

2. 提高土地利用率　膜下滴灌水稻种植技术可将土地利用率提高 7%～10%（节省田埂、水渠等占地面积）。

3. 提高机械化程度和人均管理定额　实现了水稻旱作铺管、铺膜、精量播种一体机械作业有机结合，有效地减少育秧、插秧、撒肥和药物防治等多个重要的栽培管理环节。田间人均管理能力提高 4~5 倍，节省了劳力投入，降低了投入成本。

4. 有利于提高稻米品质　膜下滴灌稻米的外观品质、籽粒饱满度、养分结构等方面都比常规水田栽培有较明显优势和提高，在籽粒大小及粒形方面则通过适宜的水肥调控得以改善，具有较好的加工品质，增加了农民收益。

5. 改变了传统水稻种植的弊端　长期以来，人们为了获取作物高产习惯，大量施用氮、磷、钾等化学肥料以及大量喷施农药，在水稻上的施用尤为显著。由于淹灌水田化肥利用率较低，未被水稻吸收利用的大量化肥沉积在土壤中，给环境造成很大污染，不利于水稻长期可持续生产。

膜下滴灌水稻栽培彻底改变了稻田土壤长期淹水状态，土壤的氧化还原电位和通透性显著提高，不仅有利于水稻根系生长发育，还有利于提高好氧微生物的活性，促进土壤有机质和氮、磷、钾等化学肥料的分解和养分吸收的有效性。膜下滴灌水稻栽培降低化肥污染主要表现在 3 个方面。①通过滴灌随水施肥，水肥耦合机理提高了肥料利用率 10.4%，又可根据水稻不同生育期的需肥规律调整施肥量，从而降低了化肥施用量，这将有利于从源头上降低化肥污染。②膜下滴灌水稻全生育期不建立水层，化肥施入土壤耕作层后被水稻根系吸收，因水层不存在，将不易造成地下水污染。③地膜覆盖使土壤温湿度适宜，通透性好，土壤微生物增加，活性增强，可加速对有机质分解和转化，从而提高肥料利用率，降低化肥对土壤的污染。

此外，膜下滴灌水稻栽培技术，不仅能较强地防止杂草和水稻病害的发生，还有降低农药污染的作用。因为地膜覆盖后，水稻地上部分失去了高湿这种利于细菌和真菌生长和传播的环境；再加上新疆气候干燥少雨，抑制了病害的发生与传播，农药用量降低。因此，膜下滴灌水稻是一种绿色生态的栽培方法。

6. 改变稻区环境减少温室气体排放　膜下滴灌水稻栽培技术全生育期无水层，通过滴灌这种方式对水、肥等进行精确调控，使水稻处于最适宜的土壤环境和生长环境。膜下滴灌水稻栽培减少甲烷气体排放主要在 3 个方面。①膜下滴灌水稻栽培无水层存在将不会形成厌氧环境，使甲烷细菌没有滋生的环境，减少了水稻植株从土壤中吸收甲烷，同时也减少了水层冒泡和水体排放甲烷气体。通过本单位长期测定，膜下滴灌水稻与常规水稻栽培相比，可减少甲烷气体排放 70.6％。②膜下滴灌水稻栽培改变了土壤的质地，通气性好，其氧化还原电位长期处于高位水平，很难产生甲烷气体。③膜下滴灌水稻栽培生育期需水、需肥量可控可调，能有效地在甲烷排放高峰期进行水肥调控，减少水肥投入 20.5％左右，进而有效地减少甲烷排放量。

7. 促进农业产业结构调整和保证粮食安全　膜下滴灌技术的应用，减少灾害性天气对水稻生产的影响并降低水稻生产对水资源的要求；膜下滴灌水稻通过调整产量构成因素，比常规水田增产约 10％；膜下滴灌水稻还有利于我国农业产业结构的调整，促进粮食生产持续健康发展，为保障国家的粮食安全提供了一条新的解决途径。膜下滴灌水稻与传统水稻的区别见图9-3～图 9-6。

（二）膜下滴灌水稻发展展望

滴灌是当前世界上最先进的微灌技术之一，把工程节水和农艺措施进行有机结合，是缺水地区一种有效利用水资源的灌水方式，它不同于传统的地面灌溉湿润全部土壤，而是

图 9-3　膜下滴灌水稻用管网灌溉

图 9-4　传统水稻浇水情景

一种精确控制水量的局部灌溉，使水均匀地分配给田间作物，减少地面径流，有效地杜绝水向土壤深层渗漏，进而达到节水的目的，其人工操作简便，可控性强，有利于作物高产稳产和提高经济效益。改变以淹水为主的水稻栽培技术已成为我国农业持续发展的重大战略任务之一，水稻膜下滴灌栽培技术充分展示了滴灌技术的优势，改变了水稻传统的生

图 9-5　膜下滴灌稻田成熟期

图 9-6　传统水稻成熟期倒伏（小区试验）

产方式，大大提高水稻的水分利用率，减少了化肥、农药和温室气体等对环境的污染，有利于实现水稻"节水、高产、优质、绿色和安全"生产。水稻膜下滴灌栽培技术有利于扩大水稻种植区域，减少水稻遇旱减产减收的可能性，增强抗御自然灾害的能力；有利于轮作倒茬，调整农业产业结构，保障农民收入，促进粮食生产持续健康发展，确保我国粮食安全，对节约淡水资源、保护生态环境和保障国家粮食安全都具有极大现实和战略意义。

二、膜下滴灌水稻栽培增产因素

膜下滴灌水稻高产必须具备 2 个必要条件，即有较大的光合器官（叶片）和发达健壮且活力强的根系，以获得较多的光合产物。水稻产量构成三要素为有效穗、穗粒数和千粒重，这 3 个因素与叶片、茎秆和根系生长等有密切关系。

（一）滴灌对根系生长发育的影响

根系是水和养分的吸收器官，不同土壤含水量、土壤温度和土壤通气状况，将形成不同的根系发育状况和衰老过程，影响水稻根系和茎叶功能的强弱及其水稻产量形成。滴灌可改善稻田水、热、气、肥状况，为水稻生长提供一个良好的生态环境，淹水灌溉下，土壤含水量高，会造成土壤少氧、缺氧的环境，影响根系生长。滴灌增加了土壤的通气性，还原物质毒害减轻，促进根系生长，使水稻根系数量和质量有所改善。研究表明，节水灌溉下，根系数量特别是白根数明显增多，根毛多，根系干重增加，根系下扎，扩大了根系吸水、吸肥区间，提高了根系活力，能为水稻生长发育吸收更多的水分和养分，具有明显的丰产优势。根系不仅是水和养分的吸收器官，而且是合成许多有机化合物的重要器官。膜下滴灌条件下水稻根系具有良好的发育过程，并与地上部稻株生长相协调。节水灌溉下从分蘖到孕穗，根系生长达到最高峰，有利于根系对水肥的吸收，从而促进了分蘖和壮秆的形成，抽穗开花期，稻株新陈代谢旺盛，需要较多的水分，而此时的根系活力强，能保证水稻生长和养分的供应，抽穗后节水灌溉下的伤流强度显著高于淹水灌溉。马跃芳等研究也指出，在水稻抽穗后采用"干湿交替"的间歇技术，可延缓根系衰老，促进上部叶制造的光合产物积累和向稻穗的输送。

（二）滴灌对茎秆的影响

节水灌溉条件下，水稻分蘖早，低位分蘖多，茎秆壮大，同时抑制无效分蘖，成穗率高，有利于水稻形成合理的高产群体。许多研究认为，在稳定有效穗的基础上，控制无效分蘖数量，提高分蘖成穗率，可改善中后期群体的光照条件，促进上部高效叶生长，增加中后期群体的光合强度，有利光合产物的积累和运转。滴灌条件下，稻茎中通气组织削弱，而输导组织和储藏组织增加，稻茎中柱内皮层、大小导管数目和直径均增加，缩短了茎基部节间长度，株高降低，从而增加了植株的抗倒伏能力，而更重要的是由于适当降低株高，导致收获指数上升，从而显著提高水稻单产。

（三）节水灌溉对水稻光合生产力的影响

叶片是水稻进行光合作用的主要器官，水稻籽粒灌浆的 $70\%\sim80\%$ 的物质来自花后叶片光合作用，所以稻叶的良好发育和衰老的合理延缓，是水稻高产的关键。节水灌溉下，水稻叶面积指数在形成产量构成因素指标的关键时期维持在 5.0 左右，而 5.0 是水稻光合作用最适宜的叶面积指数。节水灌溉下叶片挺立，冠层分布均匀，透光率和光合作用面积增加，提高了光能的利用率。张旭研究指出，节水灌溉下，水稻叶片叶绿素含量增加，而叶绿素含量与光合速率呈正相关。同时，节水灌溉能明显降低生育后期叶绿素的降解，使功能叶在生育后期仍维持较高的光合效率，有利于干物质的积累和转运。

（四）节水灌溉对水稻产量和产量形成的影响

节水灌溉对水稻根茎叶所产生的各种影响，最终体现在对水稻产量的影响上。关于节水灌溉下产量表现已有一些研究。节水灌溉有利于水稻产量构成因素的形成是其增产的主要原因之一，节水灌溉促进水稻有效分蘖的物质生产，单位面积有效穗多，形成合理的高产群体。控制无效分蘖，使得水稻光合产物用于穗生长，每穗粒数多，增大了水稻的"库"容。滴灌有利于水稻生育后期根系活力的维持和保证了营养物质对地上部供应，从而防止叶早衰，保证各种生理机能，特别是光合作用和物质运转的顺利进行，使水稻功能叶在生育后期维持较高的光合效率，确保水稻具有充足的"源"，有利于籽粒充实，千粒重提高。因此，与淹水灌溉相比，一般节水灌溉能增产5％～10％。

（五）膜下滴灌对土壤养分吸收的影响

土壤水分对水稻生长发育调控的实质是水肥结合。土壤养分的运输、吸收及其利用因土壤水分而变化。滴灌提高了土壤氧化还原电位，有利土壤微生物活动，促进有机物质分解和养分的释放，根系吸水、吸肥作用更为有效。同时，滴灌条件下土壤昼夜温差增大，这种增温效应有利于干物质的积累和增产。由于滴灌有利于根系生长，使得根系吸收能力和吸收范围优于淹水灌溉，保证了根系有较强的活力和旺盛的吸收功能，稻田肥料利用率相应提高。膜下滴灌对氮肥的挥发、淋失和反硝化作用有抑制作用，氮肥的利用率在节水灌溉下可显著提高，而且促进氮素由营养器官向穗的运转。节水灌溉对磷素营养的协调和供应有一定的抑制作用。由于节水灌溉下氧气和氧化还原电位较高，土壤中存在的金属离子与土壤中速效磷反应，形成溶解度低的化合物，影响磷的有效性。节水灌溉可提高土壤中的速效钾含量，有利水稻对钾素的吸收，改善钾素营养，同时改善了茎秆形态和物理性状，提高了水稻抗逆性。水稻节水栽培通过对水分的调控同时也实现了对养分的调控，为水稻生长奠定了良好的基础。

除上述滴灌优势外，膜下滴灌更是发挥了滴灌与地膜有机结合的作用，地膜覆盖完全可以取代传统水田水层的作用：除草、保温、保湿。因而，膜下滴灌条件下栽培水稻有很大增产空间。

三、新疆天业（集团）有限公司滴灌技术创新为膜下滴灌水稻搭建平台

作为膜下滴灌技术的发源地，近年来，新疆天业（集团）有限公司不断探索和大力推广节水灌溉技术，尤其是以膜下滴灌技术为平台，配套集成灌溉、农业机械、耕作栽培和田间管理技术措施，推动了垦区农业生产力的重大变革和生产水平的大幅提升，朝着高产、高效、优质、生态、安全的现代农业和可持续方向发展，为垦区建设高新节水产业化基地打下坚实的基础。

（一）新疆生产建设兵团发展节水灌溉的背景

新疆生产建设兵团的农业节水灌溉经历了从大水漫灌到沟畦灌，从沟畦灌到喷灌，再从喷灌到膜下滴灌 3 个阶段，

逐渐走出了一条借鉴和创新相结合的农业节水灌溉发展之路。

自 1996—2010 年，第八师石河子市大田作物滴灌经历了试验示范、推广到产量效益大幅度提高 3 个阶段。在第八师、石河子市政府的支持下，1996—1998 年通过大田试验得出膜下滴灌效果最优，增产明显，但投入成本高，影响了节水滴灌的推广。1998—2005 年，新疆天业（集团）有限公司不断通过自行研制有效降低了滴灌成本，解决了大田作物膜下滴灌技术的硬件，为推广奠定了基础；自 2005 年起，第八师又从滴灌技术的软件下手，研究制定了《棉花膜下滴灌栽培模式》《滴灌运行操作管理办法》《膜下滴灌系统设计标准及要求》，棉花获得了高产，从而为大面积推广奠定了基础，至 2008 年，第八师已建成 230 万亩滴灌工程。

国家和新疆生产建设兵团高度重视节水灌溉的发展，在 2000 年，兵团党委将节水灌溉技术的推广应用列为实施西部大开发的重中之重项目。2002 年 4 月，国务院研究室时任副司长陈文玲曾专程来新疆石河子调研节水灌溉。2002 年 8 月，国家经济贸易委员会、水利部和农业部在新疆石河子市联合召开了"全国节水滴灌技术应用现场会"。2010 年，国家发展和改革委员会、水利部、农业部专家专程来第八师调研节水灌溉。

2004 年，第八师与新疆生产建设兵团多部门申报的《干旱区棉花膜下滴灌综合配套技术研究与示范》获得国家科学技术进步奖二等奖，2009 年新疆天业（集团）有限公司申报的《西部干旱地区节水技术及产品与推广》获得国家科学技术进步奖二等奖，2011 年天业节水公司申报的《节水滴灌技术创新工程》获得国家企业创新奖（国家科学技术进步奖二等奖）。

（二）兵团节水灌溉的发展现状

"全国节水看兵团，兵团节水看八师，八师节水看天业"。截至 2011 年年末，新疆生产建设兵团高新节水灌溉面积超过 1 100 万亩，占兵团有效灌溉面积的 65%，田间节水率达 25%，作物平均增产 25% 以上。截至 2011 年，第八师高新节水滴灌面积已发展到 242 万亩，共建设系统首部 3 736 套，90% 以上的耕地实现了滴灌，在城市绿化、设施农业、林果、大田经济作物和大田粮食作物上全面推广。多项技术、经济指标名列全国之首、世界领先地位，多种作物滴灌单产和大面积高产纪录保持全国第一。2009 年，第八师 149 团膜下滴灌棉花籽棉最高单产 714.5kg；2009 年，第八师 148 团滴灌小麦最高单产 806kg；2011 年，新疆天业（集团）有限公司首创的膜下滴灌水稻 20 亩平均单产达到 728.9kg。

新疆天业（集团）有限公司是第八师的龙头企业，作为国内最大的节水滴灌器材研发、生产和服务基地，通过引进、吸收和创新，建立了世界上规模最大、最先进的节水设备生产企业，实现了所有成型设备和工艺技术的国产化，年生产能力可配套 1 000 万亩地节水器材，自主创新了 60 多项专利、4 项国家标准和 1 项行业标准，成为中国节水灌溉行业的领军企业。

四、膜下滴灌水稻综合效益分析

在我国西北干旱和半干旱地区，水稻采用滴灌栽培是个创举，是水稻灌溉栽培方式的突破。这项新技术，目前在新疆、黑龙江、江苏、陕西、甘肃、吉林和内蒙古等地发展迅速，节水高产高效显著，很受生产单位欢迎。

用滴灌方式种植水稻，是把工程节水、生物节水和农艺节水融为一体，把多项现代化的农业技术措施进行组装配套，改变过去用地面水层漫灌等方式，而以塑料（PVC）干管、支管、毛管管网输水代替地面灌干、支、斗、农、毛渠，用浸润灌溉方式代替漫灌，用根际局部灌溉方式代替对土壤的全面灌溉，用浇作物代替浇地的做法。这种微灌技术不仅具有明显的节水、高产和高效功能，而且提高了土地和水肥利用效率，为水稻植株增产实行技术调控带来了方便，有利于抵抗自然灾害，简化机械作业，节省人力，减轻劳动强度，提高劳动生产率，引发了小麦播种、施肥、田间管理以及收获多项措施的变革，取得了广泛的生态效益、社会效益和经济效益。

目前，全国的水稻生产主要以插秧水田、直播水田两种生产方式为主，滴灌水稻还处于推广前期阶段。膜下滴灌方式种植水稻，相比较前两种栽培模式，在生产投入、产出方面有较大差异，具体见表 9-1。

表 9-1 膜下滴灌水稻与直播水田、插秧水田几种种植方式投入对比（元/亩）

费用名称	膜下滴灌	插秧水田	直播水田
滴灌系统折旧年均（共 20 年）	井水 34.83 河水 39.45	0	0
土地整理（平地、渠、埂）	0	165	150
育秧、插秧	0	200	0
地膜	50	0	0
滴灌带（以旧换新）	80	0	0
地面支管折旧年均（共 5 年）	17	0	0
种子（6 元/kg）	54	24	150

（续）

费用名称	膜下滴灌	插秧水田	直播水田
除草剂、农药	30	55	65
肥料	160	230	230
机力费（犁、播、耙、耕）	110	150	150
人工（田间管理）	50	150	150
土地利用费			
水费	30	60	60
电费	39.5	20	20
收获	70	90	90
农资拉运及损耗	20	20	20
合计	井水 745.33 河水 749.95	1 164	1 085

注：按产量 600kg/亩算，各地水、电、土地利用费不一，区别核算。

　　不同农业生产地区由于地域差异等因素，膜下滴灌水稻种植收益情况也各不相同，以新疆昌吉为例分析。

　　2013 年，水稻膜下滴灌栽培技术在新疆昌吉回族自治州示范。平均单产 550kg/亩，高产地段 704kg/亩。最终实现节水 60%、省肥 40%、提高人均管理定额 3 倍、提高土地利用率 10% 等指标。具体效益见表 9-2。

表 9-2　昌吉滨湖镇膜下滴灌水稻效益分析

名称	规格	用量	单价	造价（元/亩）
滴灌带	1.8L/h 流量	750m/亩	0.1 元/m	75
种子	T-04	8kg/亩	15.0 元/kg	120
化肥	有机肥＋钾肥＋尿素 （130＋20＋50）kg/亩			300
地膜	1.6m 宽	4.5kg/亩	12.0 元/kg	54
人工				100

（续）

名称	规格	用量	单价	造价（元/亩）
机力费	犁、耙、播			90
除草剂		150kg/亩	0.3元/kg	45
水、电费				140
收割费				65
成本合计				989
亩收益				661

注：稻谷价格按3.0元/kg计算。

滨湖镇传统水田平均产量为500kg/亩，需水量2 000m³/亩，每亩投入成本在1 000元以上。综合比较可得出结论：膜下滴灌水稻无论在成本、产值、水产比还是实际收益方面都较传统水田水作具备优势，见表9-3。通过膜下滴灌水稻与传统水田效益对比可发现，除前期投资成本膜下滴灌比水田高5.8%外，其他效益指标都优于传统水田栽培的。膜下滴灌水稻比常规水田平均亩产和产值高10%左右，而耗水量比水田减少了65%左右。此外，膜下滴灌水稻的产出比和水产比分别比常规水稻增加16.8%和216.0%左右。通过统计学分析表明，膜下滴灌比常规水田种植水稻节水的量和增加水产比的量均达到了显著水平。这表明膜下滴灌水稻在淡水资源的高效利用方面显著高于传统水田栽培水稻。

表 9-3　滨湖镇膜下滴灌水稻与常规水稻效益对比

名称	常规水作	膜下滴灌	增减幅（%）
成本（元/亩）	1 050	989	−5.8
单产（kg/亩）	500	550	10.0
产值（元/亩）	1 500	1 650	10.0

（续）

名称	常规水作	膜下滴灌	增减幅（%）
耗水量（m³/亩）	2 000	700	−65.0
产出比	1.43	1.67	16.8
水产比（kg/m³）	0.25	0.79	216.0

通过膜下滴灌水稻栽培技术的运用，可实现节水60%以上，可提高土地利用率10%（节省田埂、水渠等占地面积）；综合节省的水费、劳力费及减去地表滴灌器材的投入，每亩可增加经济效益160元以上。膜下滴灌水稻机械化栽培，既降低灌溉成本，也减轻农民负担，不仅增产，还增收，同时摆脱了过去深水淹灌对水稻生产带来的各种弊端，如倒伏、病害、早衰和劳动强度大等限制水稻产业发展的制约因素。

第十章

膜下滴灌水稻栽培技术展望

一、膜下滴灌水稻应用推广区域
适应性及前景

（一）膜下滴灌水稻适宜推广区域

膜下滴灌水稻是一种新型的水稻种植技术，它是由多个技术（地膜覆盖、滴灌、水稻旱作和农机播种等）集成优化形成的一种水稻种植新技术。膜下滴灌水稻具有很高的适用性和广阔的适应区域，只要能达到膜下滴灌水稻种植基本条件的地区都可以种植膜下滴灌水稻。种植膜下滴灌水稻的基本要求：

1. 土壤 适于膜下滴灌水稻的土地，应是土层深厚、地势平坦、土质肥沃、松软适度、无盐碱、保水保肥能力较强的土地。膜下滴灌水稻对整地质量要求较高，要达到地平、土碎、无根茬，还要镇压保墒。整地方法以秋耕春耙为好。旋耕也是提高整地质量的一种好办法。提高整地质量是确保全苗的重要条件。膜下滴灌水稻要求整地达到上松下实，土地平整。

滴灌水稻实现高产的要求，土壤肥力高（有机质≥1.5%、碱解氮≥50mg/kg、速效磷≥18mg/kg、盐碱总含量≤0.1%、pH≤8.5）、土层深厚（≥50cm）。物理性能良好、透气性强、毛管空隙度适当（≥50%），能使滴灌的水肥均匀地纵向、横向渗润 20～30cm，形成浅而广的圆锥形浸润带。对于地下水位高、排水条件差和盐碱大的农田，须经过改良后才能实施滴灌水稻栽培。搞好农田建设、平整土地、培肥地力、深耕、全层施肥和施农家肥等基本措施，是种好滴灌水稻的基础，也是节水高产高效的前提。瘠薄地和盐碱地等会影响滴灌水稻优势的发挥，应先做好土壤改良，以利高产稳产。

2. 水 在膜下滴灌水稻栽培管理过程中，对水分需求高于其他作物。地区、气候及田间长势的差异也会造成需水规律的显著差异，总体评价以保证高频灌溉为宜，且需全程高压运行以保证滴水均匀。另外，出苗及苗期水稻根系对低温很敏感，在西北、东北等气候冷凉地区需保证苗期水温不低于18℃（可采用地表水灌溉或晒水达到此需求）。

达到上述需求后水源还需达到以下指标：①物理指标：18℃≤水温≤35℃，悬浮物≤100mg/L。②化学指标：pH 为5.5～7.5，全盐≤2 000mg/L，含铁量≤0.4mg/L，氯化物≤200～300mg/L，硫化物≤1mg/L。不含泥沙、杂草、鱼卵、浮游生物和藻类等物质。

3. 基础设施完备 基础设施主要是指能够满足滴灌系统运行的条件，主要包括电力、管网和沉淀池等基础设施。

（二）膜下滴灌水稻的前景

1. 膜下滴灌水稻推广的可行性 水稻祖先野生稻起源于东南亚干湿交替的沼泽地带，属半水生植物，对水生和旱生环境具有双重的适应性。据中国水稻研究所研究，水稻在水田种植出现 4 片叶以后，其茎叶各部分开始分化独立的通气组织，以便向根部输送氧气，但如果将水稻种植在旱田里，则不分化这种通气组织；相反，把本来没有通气组织的陆稻种在水田里，也会分化出通气组织。同样的水稻品种，在旱地里种植，与在水田里种植比较，其植株的根较粗，白根根毛密，根系在土壤中的分布也较深。这种双重的适应性为膜下滴灌水稻提供了生态基础。

2. 膜下滴灌水稻现阶段推广区域　膜下滴灌水稻现阶段已推广至江苏、黑龙江、宁夏、山东、陕西、甘肃、吉林和北京等省（自治区、直辖市）。2012 年，江苏南通下辖的海门市、启东市引进膜下滴灌水稻技术，种植试验示范田 300 亩（图 10-1）。2012 年 10 月底，水稻收割平均亩产 500kg。海门市悦来镇悦来村试验点小面积亩产达到 580kg。2013 年，黑龙江 8511 农场引进膜下滴灌水稻技术，种植试验示范田 200 亩，在克服了严重的春涝等诸多不利因素下仍然取得了近 500kg/亩的产量。

图 10-1　南通膜下滴灌水稻播种

3. 膜下滴灌水稻的意义

（1）膜下滴灌水稻有利于节约用水。1998 年 7 月，联合国环境规划署报告，21 世纪威胁人类的"十大"环境祸患中，水资源缺乏位居第三；另据国际水资源管理委员会（IWMI）

最近研究表明，2025 年以前，约占全世界人口 1/3 即 27 亿人居住的地区将面临重缺水。我国是一个人均淡水资源严重短缺的国家，人均占有水量 2 340m³，仅排在世界 109 位，属 13 个贫水国之一。在我国 640 个城市中，缺水城市达 300 个，严重缺水城市 108 个（1998 年）。近年来，我国连续遭受严重干旱，旱灾发生的频率和影响范围扩大，持续时间和遭受的损失增加。与此同时，由于人口的增长，到 2030 年，我国人均水资源占有量将从现在的 2 200m³ 降至 1 700～1 800m³，需水量接近水资源可开发利用量，缺水问题将更加突出。目前，全国每年缺水量近 400 亿 m³，其中，农业每年缺水 300 多亿 m³，平均每年因旱受灾的耕地达 4 亿多亩，年均减产粮食 200 多亿 kg。在我国北方，400 万 hm² 水稻田中一半以上面积水源不足，1/3 面积已面临水源枯竭。我国目前灌溉水利用率为 30%～40%，每年灌溉水资源至少浪费 1 100 多亿 m³，相当于 4 条黄河的有效供水量。常规水稻栽培每公顷用水量南方稻区为 5 700～9 000m³，北方稻区为 7 500～22 500m³，主要包括叶面蒸腾、水面蒸发和地下渗漏三部分耗水，大致比例为 10%～12%、16%～18% 和 50%～72%。常规水稻每生产 1kg 稻谷需灌溉用水 2m³，旱作水稻生产 1kg 稻谷需灌溉用水 0.7m³，水稻旱作特别是膜下滴灌水稻可以使水利用率提高 3 倍左右。因此，发展膜下滴灌水稻对节约用水有重大意义。

（2）膜下滴灌水稻可保证我国粮食的安全。2030 年我国人口将达到 16 亿，以人均 400kg 计算，届时粮食年总需求量为 6.4 亿 t。稻谷是我国的主要粮食作物，养活了我国 60% 以上的人口。稻谷的年需求量为 2.56 亿～2.72 亿 t，而我国目前实际水稻总产量仅为 2 亿 t 左右。而在有限的水资源条件下，就要靠提高产量和扩大面积。一靠增加单产，近年来，我国水稻单产增长趋于稳定，今后若无重大技术突破并大面积应用于水稻生产，单产大幅度提高不太可能。二靠扩大种植面积，但由于受到水资源条件的限制和现状，常规水稻种植面积可能还要面临递减的形势。所以，必须从现在高度重视水稻旱作，特别是膜下滴灌水稻技术的研究与推广，充分利用膜下滴灌水稻特有的耐旱、适应性广等特点，把不适合常规水稻种植的水稻田以及其他旱田逐步改造成膜下滴灌水稻田，这样每年可增收数亿吨稻谷，可以大大缓解我国未来的粮食危机，为我国未来的粮食安全做好充分的准备。

（3）膜下滴灌水稻可以保护资源与环境。常规水稻种植，需要大量的能源支撑，并伴随着严重的环境污染。常规水稻种植使稻田中相当一部分化肥、农药随水排入河流，造成水污染；常规稻田释放大量的甲烷气体，而甲烷气体是导致全球气候变暖的重要因素之一。旱作水稻田比常规水稻田用水量大为减少，肥料使用量也减少且提高了肥料利用率，不仅节约了水资源、能源还减少了耕层土壤渗漏，因而减少了化肥、农药随耕层渗漏而对地下水和江河、湖泊的污染。膜下滴灌水稻以其抗旱性、抗病、适应性强等特性将促进我国农业走向节约资源、保护环境的可持续发展之路。

4. 膜下滴灌水稻的发展前景　节约农业和农业可持续发展是我国未来农业发展的主要方向。膜下滴灌水稻是实现节水农业和可持续发展的一项关键性技术措施。随着水稻旱作栽培技术特别是膜下滴灌水稻技术的不断完善，对增加水稻单产、提高土地利用率和资源利用率、降低能耗、减少污染、减少生产成本有着重大意义。膜下滴灌水稻栽培技术有利于扩大水稻种植区域，减少水稻遇旱减产减收的可能性，增强其抗御自然灾害的能力；有利于轮作倒茬，调整农业产业结构，保障农民收入，促进粮食生产持续健康发展，确保我国粮食安全。因此，膜下滴灌水稻技术具有广阔的推广应用前景。

二、膜下滴灌水稻技术水平及国内外影响力

从 2004 年开始，天业农业研究所连续进行了 5 年的田间试验，2009 年进行大田试验示范。2009 年，膜下滴灌水稻通过新疆生产建设兵团成果鉴定，认为该技术节水 60％以上，具有良好的经济效益和社会效益，推广前景广阔，技术上实现了跨越，达到国内领先水平。2011 年，随着"863"课题的实施，在石河子市北工业园区天业化工生态园新建 800 亩膜下滴灌水稻示范基地，该示范基地集成示范了与课题相关的多项研究成果，包括小流量高频灌溉技术、无线远程控制技术和土壤改良技术等现代农业技术。2012 年，兵团科技局组织国内专家对天业化工生态园膜下滴灌水稻高产田进行产量鉴定，平均亩产达 836.9kg。2013 年，膜下滴灌水稻大田亩产 700kg 栽培技术规程上升为自治区地方标准。到 2020 年，新疆天业（集团）有限公司膜下滴灌水稻种植技术辐射推广到新疆昌吉回族自治州、阿勒泰市、124 团、143 团、150 团、乌苏市、精河县、内蒙古自治区、吉林白城、江苏南通、甘肃张掖、河北石家庄、陕西榆林、黑龙江 8511 农场和上海等地区，累计示范推广超过 500 万亩，取得了良好的经济效益、社会效益和生态效益。

通过 10 多年攻坚克难，膜下滴灌水稻栽培技术研究取得了一系列可喜的成果。2011 年，水稻膜下滴灌技术获国家发

明专利和国家"863"计划立项支持，先后荣获第八师科技进步奖一等奖、新疆维吾尔自治区发明专利一等奖和第十四届中国专利优秀奖。2013 年，荣获新华社全媒体举办的"中国创造力"大奖。2018 年，新疆天业（集团）有限公司生产的膜下滴灌优质稻米在第二届国际水稻论坛优质稻米评选活动中获得"中国十大优质稻米"称号。

党和国家领导人、社会各界人士对膜下滴灌水稻技术创新给予高度评价。2009 年 6 月，时任中共中央政治局常委、国家副主席习近平在考察新疆天业（集团）有限公司膜下滴灌水稻时指出："袁隆平提供的是品种，你们提供的是一种全新的栽培方法。"2012 年 9 月，在中国工程院院长周济的率领下，23 位院士参观膜下滴灌水稻试验田，院士们一致认为，这一技术对改变水稻传统种植方式、改变农业生态等都是一次革命性的突破，其意义远远超过了水稻旱作本身。2014 年 8 月 27 日，袁隆平院士考察新疆天业（集团）有限公司膜下滴灌水稻，认为膜下滴灌水稻将节约用水和国家粮食安全有机结合，是一项利国利民的好成果。2019 年，膜下滴灌水稻绿色栽培技术先后被央视新闻频道、《人民日报》、"学习强国"App、兵团卫视和《石河子日报》等新闻媒体报道。

三、膜下滴灌水稻技术"瓶颈" 及存在问题

（一）膜下滴灌水稻技术背景

我国是水资源严重短缺的国家之一，水资源的不足已成为制约我国农业和经济发展的"瓶颈"。在全球气候变暖、我国北方长期干旱少雨、南方季节性缺水的大背景下，农业生产受

到了严峻的挑战。发展以高效节水灌溉技术为平台的高产、优质、高效、生态和安全的现代化农业是保障我国粮食安全和可持续增长的一个重要途径。滴灌技术是最有效的节水技术之一。从"九五"到"十一五",新疆在滴灌棉花、小麦、玉米、大豆和油葵等作物滴灌栽培技术上取得关键突破,各种作物节水灌溉推广面积也在与日俱增,唯独在水稻节水灌溉研究上处于空白。

我国北方地区干旱少雨、淡水资源匮乏,限制了水稻的种植和发展。膜下滴灌水稻节水的突出技术优势使得在北方种植水稻成为可能。据统计,全国水稻种植面积约为 2 900 万 hm^2,直播稻面积近 200 万 hm^2,每年受旱减产的水稻田约为 670 万 hm^2。如将全国 670 万 hm^2 因水源不足而不能种稻或歉收的水旱田面积中的 20% 推广膜下滴灌种植,那全国可推广面积将超过 130 万 hm^2,每年可节省水资源 100 亿 m^3 以上,社会效益、生态效益和战略意义都十分巨大。

我国南方地区种植水稻大多以传统水田为主,甲烷等温室气体排放超标,过量施入化肥和农药造成江河水体以及地下水源的污染,还会导致水体的富营养化造成赤潮和大量水生动物死亡。这给南方稻区的生态环境造成了较大破坏。膜下滴灌水稻的推广将有效地解决南方地区种植水稻对生态环境的破坏,实现绿色、环保和安全水稻生产。

(二)膜下滴灌水稻需解决问题

1. 高产优质多抗品种的选育 尽管膜下滴灌水稻新品种的筛选工作取得一定成效,但优质超高产抗逆品种相对较少。应继续开展田间农艺鉴定和室内模拟生理生化指标测定试验,初步明确抗旱、抗寒、耐盐碱性评价指标,筛选出抗旱、抗寒、耐盐碱品种（系）。

2. 对膜下滴灌水稻管网系统升级改造　当前，膜下滴灌水稻采用的是高频灌溉浇水模式。这种灌溉方法比较费人工，影响了该技术在生产上的大面积推广。在这项技术上还需进一步努力攻关，争取早日打破技术"瓶颈"。因此，需进行膜下滴灌水稻高效节水滴灌管网系统模式优化和首部设备选型，对滴灌带流量进行低流量研发。另外，可以将网管系统升级改造为自动化控制，实现远程智能控制灌水施肥。

3. 知识产权保护需加强　膜下滴灌水稻栽培技术已获国家发明专利，申报的国际专利已收到中国和美国的专利证书。但是该技术应用主体为基层农民和合作社社员，他们对知识产权了解甚少，企业投入大量人力、财力、物力，但很难获得相应的专利收益，导致企业大面积推广膜下滴灌水稻栽培技术难度加大。

4. 主要稻作区水利条件建设　新疆高效节水技术的成熟虽有利于膜下滴灌水稻技术推广，但新疆不是水稻主产区。该技术发展优势主要集中在黑龙江、吉林、内蒙古、湖北、湖南等水稻主产区。然而，这些地区农业节水设施不全，小块土地没有规模化整合，基础建设投入不到位，严重限制了膜下滴灌水稻的大面积推广。

（三）大力发展膜下滴灌水稻的意义

膜下滴灌水稻栽培技术具有深远的社会效益、经济效益、生态效益和战略意义，对我国干旱半干旱地区水稻绿色高效节水种植能起到引领示范作用，对节约淡水资源和保障国家粮食安全具有重大的现实意义。

附　　录

膜下滴灌水稻优质绿色栽培技术规程

Technical regulation of high quality and green cultivation for rice cultivation by drip irrigation and film mulch

2019 年 6 月 26 日

前　言

本技术规程由新疆天业（集团）有限公司技术中心提出。

本技术规程权利拥有单位是新疆天业（集团）有限公司。

本技术规程起草单位：新疆天业（集团）有限公司、新疆天业（集团）有限公司技术中心。

本技术规程主要起草人：银永安、黄东、贾世疆、王肖娟、朱江艳、刘小武、赵双玲、李丽、王圣毅、李高华、杨佳康、钱鑫、包芳俊、韩品、张晓峰。

膜下滴灌水稻优质绿色栽培技术规程

1 范围

本技术规程规定了稻米品质质量达到国家优质二级米、目标产量每 $667m^2$ 600kg 以上的膜下滴灌水稻种植管理技术的要求，适用于新疆、黑龙江、吉林、辽宁、内蒙古、陕西、广西、江苏、山东等干旱少雨或季节性干旱地区，机械化直播水稻应用滴灌技术进行高效节水管理。

2 规范性引用文件

下列文件对于本文件的应用是必不可少的。凡是注日期的引用文件，仅注日期的版本适用于本文件。凡是不注日期的引用文件，其最新版本（包括所有的修改单）适用于本文件。

DB65/T 3056 大田膜下滴灌系统施工安装规程

DB65/T 3057 大田膜下滴灌系统运行管理规程

3 术语和定义

3.1 灌水定额

一次灌水单位灌溉面积上的灌水量。

3.2 灌溉定额

各次灌水定额之和。

3.3 灌溉制度

作物播种前及全生育期内的灌水次数、每次的灌水日期和灌水定额以及灌溉定额。

3.4 灌水周期

两次灌水的间隔时间。

3.5　土壤肥力

土壤为作物正常生长提供并协调营养物质和环境条件的能力。

3.6　基肥

作物播种或定植前结合土壤耕作施用的肥料。

3.7　追肥

是在作物生长期间所施用的肥料。

4　栽培措施

4.1　土地选择

宜选择土壤肥力较高，有机质含量 2.0％以上，碱解氮 50mg/kg 以上，速效磷大于 18mg/kg 中等以上土壤肥力，6.0＜pH＜8.5，水源选择基于水稻的喜温习性，宜选择河水（库水）或经过晒水过程的井水为滴灌系统供水水源。

4.2　品种选择

要选择耐旱、耐盐碱、优质、高产、苗期耐低温、主要依靠主茎成穗的水稻品种，本栽培规程推荐品种有 T181、T-43、粮香 5 号、稻花香 2 号、龙稻 18。

4.3　播种

4.3.1　播种期

当地下 5cm 温稳定在 13℃以上即可播种。一般年份是南疆 4 月上旬，北疆 4 月下旬；疆外比当地水田水稻插秧时间早 10d 左右。

4.3.2　播种量

根据千粒重确定播种量，按千粒重 25g 计，每公顷播种量 120kg～150kg。

4.3.3　播种方式

采用机械点播方式，播种深度 2.5cm～3cm，覆土厚度不超过 1cm～1.5cm。单穴下种粒数 8 粒～10 粒。铺滴灌带、铺膜、点种、覆土一次完成，要求下种均匀，不重播、不漏播，播深一致，覆土良好，镇压确实，播行端直、到头到边。

4.3.4　株行距配置

采用 2.2m 膜宽，1 膜 3 管 12 行，播幅 2.35m，株距 10cm，行距配置 10cm ＋26cm ＋10cm＋26 cm＋10 cm ＋26cm ＋10cm＋26cm＋10cm ＋26cm ＋10cm ＋45cm，见图 1。

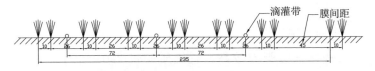

图 1　膜下滴灌水稻株行距配置（cm）

5　滴灌带、支管铺设和试运行

5.1　滴灌带铺设

滴灌带随播种机械铺设。

5.2　滴灌带配置方式

采用 1 膜 3 管 12 行，播幅 2.35m。3 根滴灌带平均分配于 12 行水稻间，毛管平均间距为 78cm。

5.3　支管铺设

完成播种后，及时铺设支管。支管铺设按照 DB65/T 3056 的规定执行。

5.4　系统试运行

系统试运行和系统运行管理按照 DB65/T 3057 的规定执行。

6　灌溉管理

灌溉制度

不同区域和不同土壤质地条件下灌溉制度存在较大差异。一般情况下,水稻全生育期滴灌 38 次～45 次,灌水周期 2d～4d,灌溉定额 10 500m³/ hm²～12 000m³/ hm²。

6.1　出苗期—三叶期

水稻播种后应及时滴出苗水,灌水 2 次～3 次,每次灌水定额 300m³/ hm²～400m³/ hm²。苗期需水量小,减少滴水次数,利于保持膜内温度,促进根系发育。

6.2　三叶期—拔节期

此期是水稻营养生长的关键时期,水稻灌水 8 次～10 次,每次灌水定额为 270m³/ hm²～300m³/ hm²。

6.3　拔节期—抽穗期

此期是营养生长和生殖生长并进时期,需水量大,滴水次数频繁。水稻滴水 9 次～10 次,每次灌水定额 270m³/ hm²～300m³/ hm²。

6.4　抽穗期—扬花期

此期时间短,滴水需及时。滴水 5 次～6 次,每次灌水定额 240m³/ hm²～300m³/ hm²。

6.5　扬花期—成熟期

此期滴水 14 次～16 次,每次灌水定额 225m³/ hm²～240m³/ hm²,水稻蜡熟完成后可停水。

7　施肥管理

7.1　基本原则

膜下滴灌水稻的施肥管理应采用有机、无机相结合的原则，"测土配方"施肥、施好基肥、带好种肥等原则，同时要注意施肥技术与高产优质栽培技术相结合，尤其要重视水肥联合调控。按水稻生育规律及时供应水肥，提高肥料利用率。

7.2　总施肥量

基肥 $15t/hm^2 \sim 22.5t/hm^2$，水溶性有机肥 $270kg/hm^2 \sim 300kg/hm^2$，纯氮 $300kg/hm^2 \sim 360kg/hm^2$，$P_2O_5$ $120kg/hm^2 \sim 150kg/hm^2$，$K_2O$ $90kg/hm^2 \sim 120kg/hm^2$，水溶性硅肥 $24kg/hm^2 \sim 30kg/hm^2$，硼肥 $5kg/hm^2 \sim 7.5kg/hm^2$，锌肥 $3kg/hm^2 \sim 4.5kg/hm^2$，铁肥 $1.5kg/hm^2 \sim 3kg/hm^2$。

7.3　施肥

7.3.1　基肥

临冬翻地时施入农家肥，一次性均匀施入厩肥（腐熟鸡粪和牛粪 3∶2 混合）$15t/hm^2 \sim 22.5t/hm^2$，磷酸二铵 $140kg/hm^2 \sim 150kg/hm^2$，然后深翻，犁地深度 $27cm \sim 30cm$，犁后平整。

7.3.2　出苗期—分蘖期

此期滴施肥 1 次～2 次，随水滴施纯氮 $15kg/hm^2 \sim 20kg/hm^2$ 和锌肥 $2kg/hm^2 \sim 3kg/hm^2$，铁肥 $1.0kg/hm^2 \sim 1.5kg/hm^2$ 促使苗生长。

7.3.3　分蘖期—拔节期

分蘖期是水稻营养生长的关键时期，决定了有效分蘖的数量和营养储存状况，该时期可分 3 次随水施入纯氮 $60kg/hm^2 \sim 75kg/hm^2$，P_2O_5 $30kg/hm^2 \sim 40kg/hm^2$、K_2O $10kg/hm^2 \sim 15kg/hm^2$、水溶性硅肥 $24kg/hm^2 \sim 30kg/hm^2$、硼肥 $5kg/hm^2 \sim 7.5kg/hm^2$、锌肥 $1kg/hm^2 \sim 1.5kg/hm^2$ 和铁肥 $0.5kg/hm^2 \sim 1.5kg/hm^2$ 来促进水稻的有效分蘖数和养分储存质量。

7.3.4　拔节期—扬花期

拔节期水稻营养生长和生殖生长都非常旺盛；弱苗滴施水肥，应提前，旺苗和壮苗应适当延后，可滴肥 2 次～3 次，总施肥量为纯氮 60kg/hm² ～75kg/hm²，P_2O_5 35kg/hm² ～40kg/hm²，K_2O 25kg/hm² ～30kg/hm² 和水溶性有机肥 130kg/hm² ～150kg/hm²。

7.3.5 扬花期—成熟期

抽穗扬花期，幼穗迅速生长，是穗粒数形成的关键时期。该时期可滴肥 3 次～4 次，总施肥量为纯氮 50kg/hm²～60kg/hm²，P_2O_5 30kg/hm² ～40kg/hm²，K_2O 25kg/hm² ～30kg/hm²，水溶性有机肥 140kg/hm²～150kg/hm²。

7.4 肥料推荐

基肥可选择腐熟后鸡粪、牛粪。由于滴灌技术对肥料的溶解度要求高，追肥肥料品种可选择水不溶物＜0.5％的滴灌专用肥，或者选择尿素、磷酸二氢钾或养分含量＞72％的磷酸铵以及养分含量＞50％的硫酸钾肥料。选择滴灌专用肥应以磷肥用量为基础，不足的氮肥用单质氮肥如尿素补足。水溶性有机肥（含有机质≥100g/L，大量元素纯 N、P_2O_5 和 K_2O 含量之和≥20g/L，水不溶物≤30g/L，pH 为 5.0～7.0）。

8 及时放苗

水稻膜下滴灌田，对于不能自行拱土出苗的情况要及时放苗。

9 中耕、除草

9.1 中耕

水稻全生育期免中耕或在三叶期中耕 1 次。中耕可以达到疏松土壤、保持土壤水分、消灭行间杂草的目的。要求铲尖切开土壤，使之破碎并沿铲面升至分土板上，耕深可达 15cm～20cm。不压苗、不折苗。

9.2　除草

水稻膜下滴灌田的杂草防治采用化学和人工除杂草相结合使用的方法，播前 5d 进行土壤处理，每亩喷施混合除草剂 80g 作为土壤封闭化除，使杂草的危害降到最低。播种后 15d 后左右是杂草出现的第一个高峰，每 667m² 喷施混合除草剂 60g。

10　病虫害防治

在新疆的气候条件以及水稻膜下滴灌栽培模式下，需防止虫害发生，如蓟马、地老虎好蚜虫等危害。此外，需定期检查滴灌带，及时处理，防止堵塞，保证水稻正常需水以防止生理青枯病。

11　收获

当稻谷有 80% 以上籽粒进入黄熟期时，可采用水稻专用收割机或联合收割机收获，特别注意由于新疆气候干燥，稻田停水 1 周内必须收获，否则容易产生稻粒爆腰现象。

12　其他

12.1　认真做好灌溉与施肥量的记录，记录每次灌水、施肥的时间、用量、肥料种类。

12.2　详细记录主要栽培措施的实施时间、技术措施、用量。

12.3　统计并记录各田块的产量及品质指标。

12.4　每隔两年，在水稻收获后取土测定农田 0cm～20cm 土层的土壤养分、盐分、重金属等检测，确定土壤的肥力等级、施肥量和灌水量。

12.5　滴完最后一次水，趁稻秆尚未枯萎前将支（辅）管取下的支（辅）管放置，盘放整齐准备来年再用，为机收做准备。不进行复播再种的地块，毛管回收可在收获后、入冬前进行。

12.6　地膜回收可采用机械或者人力在收获后进行。

主要参考文献

银永安，2017. 主要粮食作物滴灌栽培创新与实践［M］. 北京：中国农业出版社.

银永安，2018. 膜下滴灌水稻品质育种［M］. 北京：中国农业出版社.

银永安，陈林，陈伊锋，2014. 膜下滴灌水稻绿色环保栽培技术探索与实践［J］. 大麦与谷类科学（1）：1-4.

银永安，陈林，李兰海，等，2018. 活化水对膜下滴灌水稻农艺性状的影响［J］. 中国稻米，24（6）：70-72.

银永安，陈林，王永强，等，2013. 膜下滴灌水稻产量与生理性状及产量构成因子相关性分析［J］. 中国稻米，19（6）：37-39.

银永安，陈林，朱江艳，等，2014. 膜下滴灌水稻籽粒淀粉理化特性研究［J］. 节水灌溉（7）：12-15.

银永安，黄东，贾世疆，等，2020. 施磷对膜下滴灌水稻生长发育及产量的影响［J］. 作物研究，34（2）：116-118.

银永安，宋晓玲，李兰海，等，2019. 完善重大生态农业工程，建成新型现代农业体系——新疆生产建设兵团现代农业发展刍议［J］. 作物研究，33（1）：47-51.

赵双玲，银永安，王永强，等，2019. 膜下滴灌粳稻品种产量构成与穗部特征研究［J］. 作物研究，33（3）：258-263.

朱江艳，银永安，王永强，等，2019. 膜下滴灌水稻田间杂草的发生及综合防控［J］. 中国稻米，25（2）：84-85.